养殖致富攻略·一线专家答疑丛书

鸵鸟健康养殖有问必答

中国鸵鸟养殖开发协会　组编

范继山　编著

中国农业出版社

图书在版编目（CIP）数据

鸵鸟健康养殖有问必答/中国鸵鸟养殖开发协会组编；范继山编著．—北京：中国农业出版社，2017.1（2019.4 重印）

（养殖致富攻略·一线专家答疑丛书）

ISBN 978-7-109-22510-7

Ⅰ.①鸵…　Ⅱ.①中…②范…　Ⅲ.①鸵形目－饲养管理－问题解答　Ⅳ.①S839-44

中国版本图书馆 CIP 数据核字（2016）第 312003 号

中国农业出版社出版

（北京市朝阳区麦子店街 18 号楼）

（邮政编码 100125）

责任编辑　刘　玮

中国农业出版社印刷厂印刷　　新华书店北京发行所发行

2017 年 1 月第 1 版　　2019 年 4 月北京第 3 次印刷

开本：880mm×1230mm　1/32　　印张：4.125

字数：115 千字

定价：15.00 元

前　言

我国的鸵鸟产业，自1992年从美国引进8只非洲黑种鸵鸟至今，经过20多年的努力，不仅在饲养数量上具有一定规模，而且鸵鸟产品的综合开发、经营管理、市场开拓的链条已初步形成，成为我国畜牧业的一支新军。为促进鸵鸟产业持续、健康发展，协会应广大鸵鸟产业同仁们的要求，于2010年编辑出版了《中国鸵鸟业》一书，受到鸵鸟养殖人员及读者的欢迎。经过近几年的实践，鸵鸟产业的广大同仁们建议协会再编辑一本针对性强、实用性强、可操作性强的养殖手册，供广大养殖人员使用，为此，协会成立了编辑委员会，确定书名为《鸵鸟健康养殖有问必答》并经中国农业出版社同意纳入《养殖致富攻略·一线专家答疑丛书》，经过一年多的努力，终于同大家见面了。

根据我国鸵鸟养殖业进展，本书中也收录了生产第一线的鸵鸟养殖专家、技术人员和广大的饲养员的许多成功的饲养与管理经验，其中有很多是新技术，很值得总结推广。而同时，由于近几年鸵鸟养殖业发展很快，广大养殖户在生产中碰到了许多各式各样的管理与饲养技术问题，如不能及时找到问题的处理方法，会给养殖户带来困难，也会影响鸵鸟养殖业的健康发展。

中国鸵鸟养殖协会顺应我国鸵鸟养殖业发展的需要，经多次研究，于2015年年底，协会领导决定，尽快写一本实用性强，可操作性强的鸵鸟养殖技术新书，总结和推广养殖新技术和满足广大养殖专业户对技术资料的渴望。

养殖是产业发展的基础，我们相信，此书的出版定将会对我国鸵鸟的养殖起到重要的指导作用和推动作用。

目　录

5 五、鸵鸟饲料

6 六、鸵鸟疫病 ······ 89

一、综　述

1. 为什么说鸵鸟属于草食禽类？

鸵鸟消化道的结构特点决定了其是草食禽类。因为它具有一对发达的盲肠和很长的大肠。例如：45.75 千克体重的鸵鸟其盲肠长总长 162 厘米，右边一条稍长些；大肠长度为 860 厘米，食物在消化道中存留时间可达 48 小时。

鸵鸟消化道在微生物的参与下能够发酵、消化、分解大量的粗纤维，从中吸取营养物质。鸵鸟的日粮标准是以青饲料、粗饲料为主，适当搭配一些配合饲料就能满足生长发育和繁衍后代所需要的营养物质，所以鸵鸟属于草食禽类。

2. 在我国鸵鸟是属于特养禽类吗？

农业部关于《全国畜牧业发展第十二个五年规划（2011—2015年）》（农牧发〔2011〕8 号）明文规定：重点发展鸵鸟还包括兔、马、驴、蜜蜂、牦牛、鹿、牦牛、肉鸽等特色养殖。

在 2006 年，农业部杜青林部长签发的“中国畜禽遗传学目录”中，鸵鸟被明确列为特种畜禽品种，所以在我国，鸵鸟属于特养禽类。

3. 哪些国家的鸵鸟属于濒危野生动物，是保护对象？

原生鸵鸟在非洲，一部分国家的野生鸵鸟属于濒危野生动物。目前《濒危野生动植物物种国际贸易公约》附录＋212 规定：阿尔及利亚、布基纳法索、喀麦隆、中非共和国、乍得、马里、毛里塔尼亚、摩洛哥、尼日尔、尼日利亚、塞内加尔和苏丹12个国家的野生鸵鸟属于濒危野生动物，是保护对象。

4. 为什么说我国鸵鸟产业有发展前途?

(1) 鸵鸟具备的优点 生产能力高：一只成年母鸟，年产蛋50枚左右，可育成商品鸟25～30只；一只商品鸟可产精肉37千克和一张121.1米^{2}左右鸵鸟皮；生产效益比牛、猪、鸡等畜禽高。鸵鸟肉营养价值高，是当代健康肉食食品之一，鸵鸟皮制品稀少且名贵。

适应性强：鸵鸟能在－30～56℃的气候条件下正常生长和繁育，过热或过冷不会产生过度的应激。鸵鸟最适宜的生态条件是我国北方气候干旱少雨、沙荒地、土地贫瘠不易耕种的地区。

耐粗饲：鸵鸟是草食禽类，食性很广，各种牧草、野草、野菜、农作物秸秆、农作物副产品等都可以作为鸵鸟饲料。

抗病能力强：只要防疫工作到位，成年鸵鸟很少发病。

(2) 鸵鸟产业发展近况 近年来，我国鸵鸟养殖业已基本形成了两个重点发展区域：一是新疆、内蒙古、甘肃、陕西、河南、河北、山东等地生态条件适合鸵鸟生长繁育的地区，形成了以种鸟繁育及商品鸟饲养为主的鸵鸟养殖区域；二是以经济发达、生态条件不太适宜鸵鸟养殖的广东、浙江、四川等地区，已逐步形成以鸵鸟产品开发、市场销售为主的鸵鸟产业发展区域。目前，这两个区域的鸵鸟产业发展逐步向标准化、规模化方向发展。

(3) 国家政策支持 农业部关于《全国畜牧业发展第十二个五年规划（2011—2015年）》（农牧发〔2011〕8号）明文规定：把鸵鸟列为特色养殖品种、重点发展对象。

我国的鸵鸟养殖产业正遵循“立足地方优势，坚持市场导向，不断提升特色养殖标准化、规模化和产业化水平”的原则。积极开拓产业外延，促进特色产品深加工发展，完善产业链条，提高经济效益的方针，稳步向前发展。可以肯定说：我国鸵鸟养殖产业发展前景广阔。

5. 鸵鸟体型与外貌有什么特征？

鸵鸟是现存鸟类中体型最大的鸟，不能飞。成年雄性黑颈鸵鸟体重110～120千克，体高120～125厘米，颈长为80～85厘米；雌性体重100～110千克，体高115～120厘米，颈长为70～75厘米。成年雄性蓝颈鸵鸟体重115～125千克，体高130～135厘米，颈长为90～95厘米；雌性体重105～115千克，体高125～130厘米，颈长为85～90厘米。成年雄性红颈鸵鸟体重125～135千克，体高135～140厘米，颈长为105～110厘米；雌性体重115～125千克，体高130～135厘米，颈长为100～115厘米。鸵鸟的头小而平坦，眼大有神，喙上有两个鼻孔，足有两趾，是鸟类唯一的两趾鸟。大腿无羽毛。两性外观差异明显。成年雄性鸵鸟羽毛呈黑色，翅尖和尾羽呈白或棕色，颈部裸毛下缘有一圈白毛。繁殖季节，雄鸟的喙、眼圈周围的裸露皮肤、前额、颈部、跗关节以下皮肤，生殖器周边变红。成年雌性鸟全身羽毛呈灰色。

6. 鸵鸟有何生物学特性？

(1) 生长速度快 刚出壳的雏鸟体重0.8～0.1千克，到3月龄时体重可达22千克，3个月体重增加约27倍。成年体重90～110千克。

(2) 繁殖力强 经产雌鸟年平均产蛋45～60枚，生产肉鸟25～40只，优秀种鸟年产蛋可达60～80枚。

(3) 耐粗饲 非洲鸵鸟有发达的一对盲肠，可以贮存、发酵、消化、分解大量植物粗纤维。有资料表明，粗纤维饲料在鸵鸟消化道发酵产生的挥发性脂肪酸可以满足鸵鸟维持能量需要的76%。饲养成本低。

(4) 适应性强 非洲鸵鸟对生存环境适应性广。实践证明，鸵鸟最适宜的生存环境，是沙荒地、不易耕种的非耕地地区，气候干旱少雨地区，也能在气候寒冷的东北、西北和广州等亚热带地区生长繁育。

（5）经济价值高 非洲鸵鸟属于肉、皮、毛兼用禽类。鸵鸟肉属于红肉，高蛋白、低胆固醇、低脂肪，是人类理想的健康食品。皮革制品美观、韧性好、透气强，是世界名贵的皮革制品。鸵鸟毛美观、柔软、轻飘，是良好的装饰品，是汽车、电子工业、家庭良好的除尘产品。

7. 鸵鸟繁殖能力可持续多长时间？鸵鸟寿命有多长？

在集约化养殖条件下，鸵鸟繁殖年限约20年。4～8岁母鸟产蛋数量最多，平均年产蛋50～60枚。蛋的受精率为70%～80%。随着年龄增加，产蛋数量递减，种蛋受精率也随之下降。有资料报道鸵鸟寿命可达70岁左右。

8. 鸵鸟消化系统有什么特征？

鸵鸟没有牙齿和嗉囊，唾液中没有消化酶。舌呈三角形，喙坚硬，有铲草功能。食管较长直通腺胃，腺胃内有一片腺区，可分泌胃酸和胃液（胃蛋白酶）。紧接着腺胃的是肌胃，肌胃呈球状，胃壁为较厚的肌肉层，肌胃有较大的多枚石子，成年鸵鸟一般肌胃重1.5千克左右。随着肌胃的收缩和舒张，石子对食物，特别是粗纤维，进行物理消化（磨碎）。

鸵鸟消化道系统具有发达的大肠和一对盲肠。有资料表明：体重116千克的成年鸵鸟大肠长度865厘米，左边盲肠长度62厘米，右边盲肠长度71厘米，能够贮存、发酵、分解、消化和吸收粗纤维中的营养物质。体重46千克的生长鸵鸟，食物在消化道内存留时间可达48小时。比反刍动物绵羊长（38小时），比普通鸡更长（8小时）。这为饲料中粗纤维的分解、消化、吸收创造了条件。

9. 鸵鸟腿部由哪些骨骼组成？

腿部骨骼是由股骨、胫跗骨、跗跖骨、脚趾骨（包括第四趾骨、第三趾骨）组成的。大腿骨和脚趾骨承受身体全部重量。详见图 1-1。

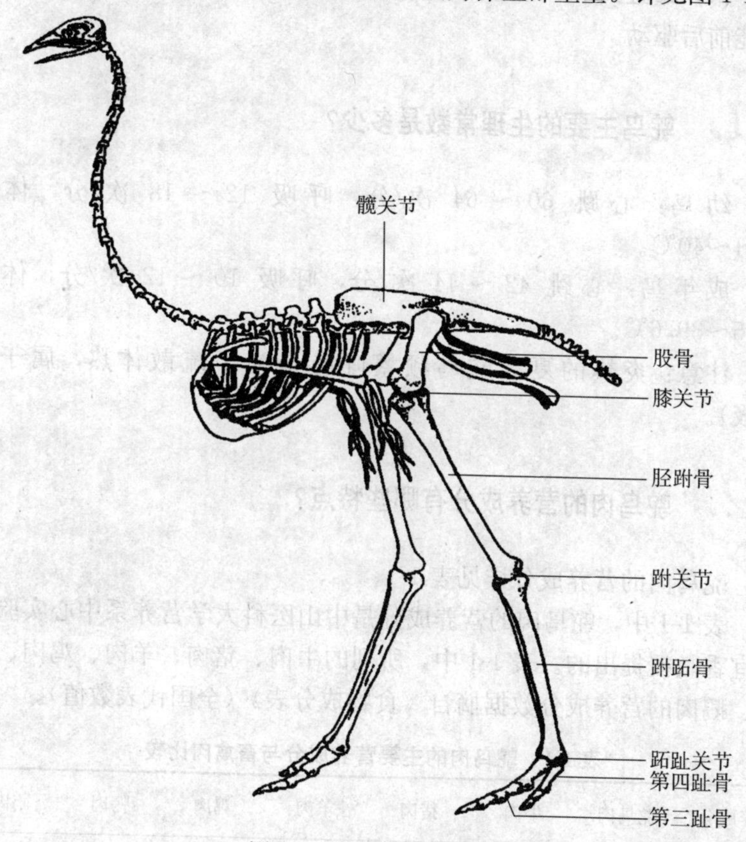

图 1-1　鸵鸟的骨骼系统

10. 鸵鸟腿部有哪些关节？如何连接的？

（1）髋关节　髋关节由股骨近端和骨盆骨的髋臼构成。可使腿向前动，很有限的向后、两侧活动。

(2) 膝关节 膝关节由股骨远端和跗跖骨的近端构成。只能向前运动。常被误认为是髋关节。

(3) 跗关节 跗关节由胫跗骨远端和胫跗骨的近端构成。可使腿向前、向后运动。常被误认为是膝关节。

(4) 跖趾关节 跖趾关节由胫跗骨远端和趾骨近端构成。此关节只能前后驱动。

11. 鸵鸟主要的生理常数是多少?

幼鸟：心跳 60～64 次/分，呼吸 12～18 次/分，体温 39.1～40℃。

成年鸟：心跳 42～44 次/分，呼吸 10～12 次/分，体温 38.5～39.6℃。

注意：炎热的夏天鸵鸟频繁呼吸是为了疏散体热，属于浅呼吸)。

12. 鸵鸟肉的营养成分有哪些特点?

鸵鸟肉的营养成分详见表 1-1。

表 1-1 中，鸵鸟肉的营养成分是中山医科大学营养系中心实验室苏宜香教授提出的。表 1-1 中，所列的牛肉、猪肉、羊肉、鸡肉、鸭肉、鹅肉的营养成分数据摘自《食物成分表》(全国代表数值)。

表 1-1 鸵鸟肉的主要营养成分与畜禽肉比较

营养成分*	鸵鸟肉	牛肉	猪肉	羊肉	鸡肉	鸭肉	鹅肉
蛋白质(克)	20.16	19.8	17.9～20.3	19～20.5	16.7～21.6	9.3～15.5	17.9
胆固醇(毫克)	9.08	58.0	81.0	60.0	162.0	94.0	74.0
脂肪(克)	7.40	2.3～13.4	6.2～37.0	3.9～14.1	4.5～35.4	9.7～44.8	19.9
钙(毫克)	23.30	6.90	6.0	6.0～9.0	2.0～9.0	4.0～9.0	4.0

（续）

营养成分*	鸵鸟肉	牛肉	猪肉	羊肉	鸡肉	鸭肉	鹅肉
铁（毫克）	9.80	1.6～3.0	0.9～3.0	2.3～3.9	1.2～2.1	1.6～3.0	3.80
锌（毫克）	8.20	2.07～3.71	2.18～2.99	3.22～606	1.1～1.46	1.31～1.38	1.36
硒（微克）	11.31	2.54～9.80	9.50～13.40	7.80	5.4～12.75	5.8～12.25	17.68
赖氨酸（克）	2.012	1.244	1.536	1.647	1.474	1.222	—
蛋氨酸（克）	0.686	0.112	0.424	0.414	0.466	0.303	—
苏氨酸（克）	0.963	0.950	0.935	0.885	0.774	0.652	—
组氨酸（克）	0.900	0.830	0.742	0.513	0.546	0.410	—
亮氨酸（克）	1.329	1.586	1.711	1.533	1.416	1.178	—
异亮氨酸（克）	0.686	0.112	0.931	0.816	0.466	0.638	—
苯丙氨酸（克）	0.602	0.717	0.898	0.758	0.754	0.591	—
颉氨酸（克）	0.893	0.986	1.060	0.941	0.875	0.726	—

*　各种营养成分均为每100克中营养成分含量。

从表1-1可以看出：

（1）鸵鸟肉的蛋白质高于常用的畜禽肉。

（2）鸵鸟肉的胆固醇含量显著低于常食用的畜禽肉。

（3）鸵鸟肉脂肪含量与牛肉、羊肉的平均值相接近，比猪肉、鸡肉低；据有关资料：鸵鸟肉的单不饱和脂肪酸和多不饱和脂肪酸的含量高于常食用畜禽，有利于人体利用和健康。

（4）鸵鸟肉中钙含量高于常用畜禽肉。

（5）鸵鸟肉中铁、锌、硒的含量高于常食用畜禽肉。

（6）鸵鸟肉中必需氨基酸的赖氨酸、蛋氨酸、苏氨酸、组氨酸的含量，高于常食用畜禽肉。

13. 蓝颈鸵鸟、非洲黑颈鸵鸟屠宰测定结果是怎样的？

吴世林教授等对蓝颈鸵鸟、非洲黑颈鸵鸟屠宰测定结果表明：非洲黑颈鸵鸟屠宰率为68%～72%，产肉率为38%～39%。详见表1-2。

表1-2 蓝颈鸵鸟、非洲黑颈鸵鸟屠宰测定结果分析

品种	蓝颈鸵鸟	非洲黑颈鸵鸟
编号	29	138
活着（千克）	88.31	74.24
空腹体重（千克）	78.31	67.74
胴体重（千克）	53.47	48.82
屠宰率（%）	68.28	72.07
肌肉总重量（千克）	30.50	26.67
腿肌（千克）	26.3	22.7
胸肌（千克）	0.35	0.25
腹肌（千克）	2.0	1.9
其他（千克）	1.85	1.82
脂肪总重量（千克）	1.25	2.68
腹脂（千克）	0.93	2.18
皮下脂肪（千克）	0.22	0.40
其他	0.10	0.10
骨总重量（千克）	16.38	15.0
皮重	5.02	4.72
瘦肉比例（%）	58.41	56.32
脂肪比例（%）	0.61	1.08
骨骼比例（%）	31.37	32.40

（续）

品 种	蓝颈鸵鸟	非洲黑颈鸵鸟
皮比例（%）	9.61	10.20
腿肌比例（%）	49.19	46.50
产肉率（%）	38.95	39.37

注：

①活重：空腹前12小时后的体重。

②空腹重：鸵鸟屠宰前活重减去屠宰后胃肠道内容物重量。

空腹重＝活重－胃肠道内容物重量

③胴体重：鸵鸟屠宰、放血、拔毛后，除头，除脚，开膛除全部内脏（保留肾和腹脂）后的重量为胴体重。

④屠宰率：胴体重占空腹重的比例为屠宰率。

屠宰率＝胴体重/空腹重×100%

⑤瘦肉比例：除去肾和腹脂的胴体瘦肉重量占皮、骨骼、脂肪和瘦肉总重量的比例称瘦肉比例。

瘦肉比例＝瘦肉重量/（皮＋骨骼＋脂肪＋瘦肉）×100%

⑥腿肌比例：两只腿肌肉的重量占胴体重量的比例。

腿肌肉比例＝腿肌肉重量/胴体重量×100%

⑦产肉率：胴体瘦肉重量空腹重的比例。

产肉率＝瘦肉重量/空腹重×100%

14. 鸵鸟腿肌能分割出多少块精肉？每块重量是多少？占腿肌的比例是多少？

通常将鸵鸟腿肌分割成17块精肉。每块肉的重量和占腿肌（如果腿肌重量为8.285千克）的比例详见表1-3。

表1-3 鸵鸟腿肌的精分割

肉块名称	重 量（千克）	占腿肌的比例（%）
扇形肉块	1.5	0.181
眼肉块	0.3	0.036
小肉块	0.2	0.024
贝壳肉块	0.3	0.036
长肉块	0.25	0.030
三角形肉块	0.3	0.036

（续）

肉块名称	重　量（千克）	占腿肌的比例（%）
小肉排	0.125	0.015
尻排	1.0	0.121
背肌	0.5	0.060
嫩肉排	0.3	0.036
月亮肉排	0.75	0.090
长肉排	0.25	0.030
微小肉排	0.11	0.013
枕肉排	0.5	0.060
小圆扒	0.25	0.030
平圆扒	0.65	0.079
大圆扒	1.0	0.121

15. 鸵鸟蛋的形态及其营养成分与主要禽蛋有哪些不同？

鸵鸟蛋重1 200～1 700克，是禽类最大的蛋，椭圆形，蛋型指数0.76，蛋壳坚，蛋壳厚度为1.94毫米左右，表面光滑，并覆盖有一层黏液素，黏液素是阻止细菌感染的第一道防线，蛋壳表面有上千个大小不等的气孔，是胚胎发育时气体交换的通道。

鸵鸟蛋不但具有各种禽蛋的营养成分，而且其矿物质、碳水化合物含量高于其他禽蛋。详见表1-4。

表1-4　各类禽蛋的近似营养成分（每100克蛋液中的含量）

禽种	水分	蛋白质	脂肪	矿物质	碳水化合物
鸵鸟	75.1	12.2	11.7	1.4	0.7
鸡	74.7	12.0	12.3	—	—
火鸡	73.7	13.1	11.7	0.8	0.7
鸸鹋	73.9	11.2	12.6	—	—
鸭	70.5	13.3	14.5	1.0	0.4
鹌鹑	74.3	13.1	11.1	1.1	—

16. 鸵鸟皮具有哪些优良特性？

（1）鸵鸟皮革轻、柔、软、韧，透气性能好，耐低温，即使在冬天，皮革也不会龟裂。

（2）具有较高的抗扩张强度和抗撕裂强度。

（3）毛孔突起形成铆钉状图案，十分美观。用于加工手袋、钱包、票夹、皮鞋、皮带、皮衣等皮具，光泽自然，手感好，深受国内外市场的欢迎。

17. 何为鸵鸟应激？

当鸵鸟面对外界异常刺激（应激原）时，如天气过热、过冷、噪声、雷电、调群、捕捉、长途运输、不当的驱赶、饲料突然改变等，易出现神经紧张，惊恐，无目的地频繁乱啄地面杂物（泥沙、石块、木条、塑料废弃物等），奔跑，冲撞围栏，采食量减少或废绝等异常行为，都属于鸵鸟的应激反应。

典型应激反应可分为三个阶段。

第一个阶段：鸵鸟受到“应激原”的刺激所表现为上述异常行为。在此阶段，鸵鸟肌体尚未适应应激。

第二个阶段：鸵鸟克服了应激刺激。不安、紧张、惊恐等表现逐渐消失，恢复以往的平静，应激反应消失。

第三个阶段：在应激刺激强度大，作用时间过长的情况下，鸵鸟受到更强的刺激，应激反应加剧，引起肌体正常的新陈代谢功能紊乱，内分泌失调，各种酶活性降低，免疫能力下降，降低了抵御疾病的能力等。表现为较长时间紧张、惊恐、不食、不饮、拉稀或便秘、机体消瘦等。诱发各种疾病。

18. 应激反应对鸵鸟有什么伤害？

（1）应激反应造成鸵鸟机械性损伤 鸵鸟受到“应激原”的刺激

后，惊恐、神经异常、奔跑、冲撞围栏造成伤残或死亡。常见的机械性损伤有：鸵鸟皮肤撕裂，筋腱拉伤，腿、翅膀折断。由于鸵鸟高度紧张，抽搐，突然倒地，休克死亡的现象也时有发生。

（2）应激反应引起机体生理变化 鸵鸟受到的强烈刺激后，无目的地频繁乱啄地面的泥沙、石块、木条、塑料废弃物等异物，造成胃堵塞。

应激反应会引起鸵鸟食欲下降或废绝，肌体消瘦，免疫能力下降，机体内正常生理功能紊乱，肠道分泌的消化酶活性降低，加剧肠道蠕动，引起腹泻等肠道疾病。

当“应激原”刺激强度大，作用时间过长的情况下，鸵鸟受到更强烈的刺激，应激反应加剧，肌体内正常的内分泌功能紊乱，促性腺激素、雄性激素、雌性激素分泌失调，繁殖机能下降或较长时间失去繁育能力。此时，即使加强饲养管理、增加必要的营养、投喂药物，对有的患鸟也很难奏效。

鸵鸟较长时间处于应激状态，免疫能力下降，降低了抵御疾病的能力，易感染或并发各种疾病（如传染病、常见病），患鸟治愈率很低。

19. 怎样防范应激反应，保护鸵鸟正常的生活状态？

（1）种鸟场址的选择 鸵鸟场址要远离村庄、繁忙的公路、噪声强烈的工厂等。要选择相对安静、偏僻的地段建鸵鸟场。

（2）鸵鸟调运工作中预防应激反应的发生 鸵鸟调进、调出是鸵鸟场正常的工作内容。调运工作要尽量减少应激刺激。

调运前8～12小时停食，喂些含电解质和葡萄糖的饮用水和少量镇静剂。

在装运鸵鸟时采取逐步缩小围栏，将鸵鸟驱赶到一个狭长通道中的措施。小心靠近鸵鸟，给它带上黑色头罩，使它安静下来，牵引上车。

严禁呐喊、追赶、强行捕捉等粗暴地往车上装鸟或卸鸟行为。

安全运输，平稳行驶，严禁急刹车、拐死弯。

运输车辆要配备押运人员，随时观察鸵鸟状态，如有异常，立即停车，作必要处理。

新接纳的种鸟同样喂些含电解质和葡萄糖的饮用水，少量镇静剂，帮助鸵鸟克服应激反应。

饲养人员要多接触鸵鸟，使鸵鸟逐渐适应新的环境，增加安全感。

（3）预防鸵鸟热应激 酷暑天气，湿度大，气压低时，鸵鸟有可能出现热应激，热应激临床表现为：体温升高，心跳加快，呼吸急促，张大嘴伸颈呼吸，本能的翅膀张开，可见胸廓出现明显的快速激烈的收缩和开张，加快散发体内热量，食欲不振，呆板，严重时，战栗，痉挛，倒地，休克死亡。

预防鸵鸟热应激的措施：在气温高达39℃以上时，一定要在保证雏鸟舍适宜温度的同时加强舍内通风量，调整雏鸟密度，保证充足、清洁饮水。

在鸵鸟运动场要搭建凉棚（最好在运动场适当位置种阔叶树，为鸵鸟遮阳，也美化环境），遮挡太阳，防止直晒鸵鸟。

发现疑似热应激反应的鸵鸟，采取在鸵鸟身上喷洒自来水等措施，减轻或消除热应激反应。

（4）加强鸵鸟日常管理工作 在日常管理工作中尽可能减少“应激原”对鸵鸟的刺激，如：饲料不要突然改变、防范养殖场各种噪声发产生、预计有天气突变等因素可能引起应激时，要提前喂些含电解质和葡萄糖的饮用水和少量镇静剂，帮助鸵鸟克服应激反应。

20. 鸵鸟的生长发育有什么规律性？

鸵鸟生长发育大体分三个阶段，每个阶段有不同的特点。

（1）0～3月龄雏鸟阶段 雏鸟生长速度快，刚出壳的雏鸟体重约0.8千克，到3月龄时体重可达22千克，3个月体重增加约27倍。

消化系统不完善，对粗纤维消化能力差。

免疫能力较差。雏鸟出壳后不久，母源抗体逐渐耗尽，而自身的免疫能力尚未建立起来，此阶段是免疫断层期。抗病能力很差。

体温调节能力较差。雏鸟的羽毛稀少，被毛短，呈针状，没有绒毛，皮下几乎没有脂肪，因此，保温能力较差。此时雏鸟体内调温机能不完善。

（2）4～6月龄鸵鸟阶段 此阶段鸵鸟的消化系统逐渐完善，食量增加，消化吸收营养物质能力提高，生长潜力很大，增重快。此阶段日粮要增加粗纤维的含量，促进胃肠的发育。提供数量充足、优质配合饲料和幼嫩、品质好的青饲料。

（3）6月龄以上鸵鸟阶段 生长速度逐渐减慢，饲料转化率也随之降低。消化系统已逐渐发育完善，其胃肠容积、消化功能基本达到成年鸵鸟的水平，能消化、分解大量植物粗纤维。

12～14月龄以后的鸵鸟，生长速度极为缓慢或基本停止，达到了体成熟阶段。体成熟的青年鸟，直到雄鸟年龄达到2.5～3岁，雌鸟年龄达到2～2.5岁时，生殖系统、生理机能发育完全，开始有了性行为，成为可以繁育后代的成年鸵鸟。

21. 鸵鸟怎样保定才安全？

鸵鸟保定是鸵鸟生产中重要的管理内容，鸵鸟称重、体尺测量、疫病诊断与治疗、运输均需有效地保定鸵鸟，否则各项处理工作将无法进行。不同年龄的鸵鸟保定方法略有区别。

（1）3月龄以内的雏鸟保定方法 雏鸟体重小，易保定，但其骨骼脆弱，腿部骨骼容易受伤。保定时，术者可站在雏鸟的侧面，两手分别在雏鸟前胸和后躯扶住雏鸟即可。如果需要抱起雏鸟，两手抓住雏鸟大腿，让雏鸟的背紧贴着保定人的腹部抱着，雏鸟两腿悬空，可自由摆动。等待施术。

（2）3～6月龄鸵鸟的保定方法 鸵鸟的体重还不太大，人容易接近它们，保定时，需要2～3人，两人分别在鸵鸟两侧，抓住鸵鸟翅膀根部，套上头套，鸵鸟会安定下来，站着或卧地。等待施术。

（3）6月龄以上鸵鸟的保定方法 6月龄以上的鸵鸟，体格强壮，有力，保定时要格外小心，勿伤人、伤鸟。将鸵鸟赶入狭长通道中，人轻轻地靠近鸵鸟，迅速抓住颈部，人体紧紧靠住鸵鸟侧身，压低鸵鸟颈部，另一人抓住鸵鸟嘴，迅速给鸵鸟带上黑色头套，此时鸵鸟会逐渐安静下来。迅速施术。

22. 鸵鸟运输时应注意哪些事项？

（1）运输时间的选择。最好选择在一年中秋季、冬季、早春运输鸵鸟，此期天气凉爽，少雨。运输成年种鸟时最好选择秋季，冬季运输，此期种鸟已经休产，不会影响当年和第二年种鸟生产。

（2）运输前的准备工作。鸵鸟运输当天要停喂饲料，在饮水中加入抗应激药物（维生素、葡萄糖、电解质或少量镇静剂等）。准备好鸵鸟带的黑色头套。在养殖场适当的位置安装后卸鸟台。

选好运输车辆，选用高槽帮、木地板、带有帆布棚顶的运输车辆。在车厢内用木棍分割成 2～4 个隔断，每个隔断容纳 4～8 只鸵鸟。车厢底部铺垫厚的塑料布、干草或木屑，防止粪尿溢出车厢。

（3）在装运鸵鸟时，采取逐步缩小围栏，将鸵鸟驱赶到一个狭长通道中的措施。小心靠近鸵鸟，给它带上黑色头罩，使它安静下来，牵引上车。

严禁呐喊、追赶、强行捕捉等粗暴地往车上装鸟或卸鸟行为。

安全运输，平稳行驶，严禁急刹车、拐死弯。

运输车辆要配备押运人员，随时观察鸵鸟状态，如有异常，立即停车，作必要处理。

（4）做好接收鸵鸟的准备工作。

选择好饲养人员并做好接收鸵鸟的准备工作。

鸵鸟栏舍、食槽、水槽、照明灯等设备安装就绪。

运输车辆达到后，饲养人员小心上车，牵引鸵鸟顺着卸鸟台下车至鸵鸟栏舍，慢慢摘下头罩。

新接纳的鸵鸟同样喂些含电解质、葡萄糖或少量镇静剂的饮用水。投喂少量易消化的饲料。

饲养人员要观察鸵鸟的行为状态，多接近鸵鸟，使鸵鸟逐渐适应新的环境。1～2 天后便可以转为正常的饲养管理了。

二、品种与选育

23. 鸵鸟品种是如何定义的?

《中国大百科全书》中关于“品种”的定义:“品种”是指一个种内具有共同来源和特有一致性的一群家养动物或栽培植物，其遗传学稳定；具有较高的经济价值；畜禽品种须有相当数量的个体和品系，以保证在品种内能够选优繁衍，而不致被迫近交。品种按培育程度分为两类：一类为原始品种（地方品种、土种），另一类是育成品种（培育品种），是在集约化条件下通过水平较高的育种措施培育而成的。根据《中国大百科全书》的定义，非洲黑颈鸵鸟、蓝颈鸵鸟、红颈鸵鸟、澳大利亚灰鸵鸟属于培育品种。

24. 非洲黑颈鸵鸟有哪些主要特征?

非洲黑颈鸵鸟属于培育品种，体型比较矮（荐高：雄鸟为120～125厘米，雌鸟为120～125厘米），颈和腿比较短，身躯较宽长，生长不如其他品种快，出壳体重0.95千克，12月龄体重90千克左右，羽毛密集，羽支较宽，质量好，皮肤呈蓝灰色，繁殖力强，雄鸟36月龄性成熟，雌鸟24月龄可开产，每年可产60枚蛋左右。性情温顺。

25. 蓝颈鸵鸟有哪些主要特征?

蓝颈鸵鸟属于原始品种，体型较黑颈鸵鸟大（荐高：雄鸟为130～135厘米，雌鸟为125～130厘米）。颈基部有一白色的环。生长较快，出壳体重 1 千克，12 月龄体重 100 千克左右。羽毛密集，质量中等，颈部和大腿皮肤呈蓝灰色，繁殖季节呈微红或红色。繁殖力不如黑颈鸵鸟，雄鸟 40 月龄性成熟，雌鸟 30 月龄开产，每年可产 50 枚蛋左右。适应能力强，抗病能力强。

26. 红颈鸵鸟有哪些主要特征?

红颈鸵鸟身躯高大（荐高：雄鸟为 135～140 厘米，雌鸟为120～125 厘米），颈和腿长，大腿粗壮，其头至地面 2.4～2.7 米。颈长 1～1.2 米，颈基部有一白色的环。体重可达 125 左右。未成年雄鸟和成年雌鸟的皮肤呈灰白色或淡黄色。成年雄鸟皮肤通常为粉红至红色。繁殖季节雄鸟的头部、颈及大腿颜色更加鲜红。雄鸟躯体羽毛黑色，翅尖和尾部为白色羽毛，白色羽毛长度可达 30～40 厘米。性情暴躁，野性较强。红颈雌鸟全身羽毛为灰白色，翅尖和尾部羽毛为白色。裸露皮肤为灰白色，繁殖季节雌鸟的皮肤几乎没有变化。红颈鸵鸟生长速度快，10 月龄体重可达 90～100 千克。繁殖力远不如黑颈鸵鸟，年产蛋 30～35 枚。

27. 澳大利亚灰鸵鸟有哪些主要特征?

对澳大利亚灰鸵鸟了解甚少。澳大利亚灰鸵鸟是由红颈鸵鸟、蓝颈鸵鸟、黑颈鸵鸟杂交育成的培育品种。体型较小，与黑颈鸵鸟外形相似，比较温顺，生产能力较高。

28. 如何根据体型外貌选择种鸟?

（1）体型结构好，身体健康，生长发育正常，性情温顺，活泼好动。

（2）头清秀，眼大有神，颈直立，不弯曲。

（3）体躯呈椭圆形、较长，胸宽，体深，腰背不弯曲，略成龟背型。

(4) 羽毛有光泽，覆盖均匀，产蛋母鸟背部羽毛稀少（配种、爬跨造成的）。

(5) 肢体端正，强壮有力。肢体不正，脚趾弯曲的不能作种用。

(6) 选留体重和体尺比同品种、同年龄、同性别大的鸵鸟。它们生长发育好，生产能力可能高。

(7) 雄鸟肢体明显粗壮有力，阴茎粗大，长度在30厘米以上。性欲旺盛，配种能力强，受精率高。

29. 什么是系谱选择？什么是后裔选择？什么是同胞选择？

(1) 系谱选择 即通过审查系谱，选择双亲生产能力表现理想的鸵鸟作为种鸟一种选择方法，也是遗传能力的选择方法，称系谱选择。如：生产能力高，受精率高的父、母，其后代的生产能力、受精率可能也高。

(2) 后裔选择 根据留种鸵鸟后代的生产能力表现，来评定父母是否具有种用价值的可靠方法。不仅能判断其本身是否优良，而且通过后代的生产成绩，可以判断其优良性状是否真实稳定地遗传给下一代。如果某种鸟本身优良，它的后代生产能力也高，则证明这只种鸟有很高的种用价值。

(3) 同胞选择 根据其全同胞、半同胞的生产能力表现，来确定某个体是否有种用价值的一种方法。例如：某后备鸟的全同胞、半同胞的种鸟具有产蛋数量多、受精率高等优良性状，又有较好的遗传能力，则可以选为种鸟。

30. 什么是选配？

要想获得理想的下一代，不仅需要通过选种技术选出育种价值高的亲本，还要特别注重亲本间的交配组合。人为地确定个体间的交配组合称为选配。也就是说，选配是有计划地决定雌、雄鸵鸟的配对，使其后代性能更加优良，是培育良种的重要技术措施之一。选种和选配相互联系，相互促进。选种是选配的基础，选配是验证选种的正确性。

31. 什么是品质选配？

根据个体间的品质对比进行选配，品质选配可分为同质选配和异质选配两种。

（1）同质选配 即选用性状相同，性能表现一致的优良雌、雄鸵鸟进行相配，以获得与亲代品质相似的优良后代。在生产中为了保持种鸟有价值的性状，增加群体同质数量，可以采用同质选配。例如：用高产的雄鸟和高产的雌鸟配种。

（2）异质选配 分为两种。一种是选择具有不同优质性状的雌、雄鸵鸟进行相配，将两个性状结合起来，从而获得兼有双亲不同优点品质的后代。另一种是选择具有同一性状，但优质程度不同的雌、雄鸵鸟进行相配，以优良性状纠正一种不良性状的选配方法。

32. 什么是亲缘选配？

亲缘选配是依据交配双方亲缘关系远近进行选配的方法。如果双方间的亲缘关系较近，称近亲交配。近亲交配会产生繁殖力减退（产蛋率下降、受精卵减少），死胎和畸形胎儿增多，生活力下降，免疫力低，易感染疾病等衰退现象。

如果选择亲缘关系较远的种鸟进行选配，称远缘交配。

33. 近亲交配有什么危害？如何防止近亲交配的危害？

近亲交配的危害，表现为：雄鸟、雌鸟不愿配种，母鸟产蛋量减少，种蛋受精率低，繁殖力减退，孵化中胚胎中期死亡、后期畸形胎儿增多，出雏鸟的育成率低，生活力，免疫力低，易感染疾病等衰退现象。

防止近亲交配的危害，可以采取以下措施：

（1）淘汰那些有衰退迹象的个体 严格淘汰那些不合理想要求的

生产力低、体质衰弱、繁殖力差等有衰退迹象的个体。

(2) 血缘更新 一个鸵鸟群，尤其是规模小的鸵鸟群，在经过一定时期的自群繁育后，出现近亲交配在所难免。为了防止近亲交配，可考虑从外地引进一些同品种、同性状但无亲缘关系的种鸟，进行血缘更新。要注意同质性。

(3) 加强饲养管理 ①选择亲缘关系较远的个体进行选配，防止近亲交配，防止近亲交配所产生的危害。②对近亲交配所产生的个体，比如有较高的生产能力，遗传性也较稳定，但生活力较差，表现为对饲养管理条件要求较高的个体，应加强饲养管理，满足它们的要求，可使衰退现象得到缓解、不表现或少表现。

34. 什么是纯种繁育？

为了保证和发展一个种群的优良特性，增加种群内优良个体的数量，克服某些缺点，达到保持该种群纯度和提高种群质量的一种繁育方法，叫纯种繁育。

纯种繁育有两个作用：一是可以巩固遗传性，使纯种固有的优良品质长期保持下来，并迅速增加同类型个体的数量；二是提高鸵鸟现有的品质，使群体水平不断提升。

35. 什么是经济杂交？

有目的地选择雌、雄鸵鸟相配，充分利用杂种优势理论，产生杂种一代（F_1），杂种具有双亲的优点。如：选红颈雄鸵鸟作父本，黑颈鸵鸟作母本，进行选配。其一代杂种商品鸟具有红颈雄鸵鸟体型大、生长速度快、产肉多，以及黑颈鸵鸟产蛋多等优点。但商品鸟性能不稳定，不能作种用。

三、繁殖与孵化

36. 雄鸵鸟生殖系统由哪几部分组成？它有什么功能？

（1）睾丸 一对睾丸，在腹腔内，肾脏前部两肋的侧面，卵圆形，呈深褐色。睾丸由细精管构成，能产生精子、分泌雄性激素。在交配季节，鸵鸟的睾丸可以增大，超过 10 厘米长。

（2）输精管 输精管是弯曲的长管，起于睾丸末端，与输尿管并行，直到泄殖腔，是精子最后成熟并贮存的地方。

（3）交配器 是鸵鸟的交接器官，也称阴茎，切面呈三角形，粉红色，在繁殖季节长达 40 厘米，位于泄殖腔的肛窝处。阴茎背侧有“输精沟”，在交配时，精液通过输精沟流入雌鸟的阴道内，完成配种任务。非繁殖季节相应缩小。

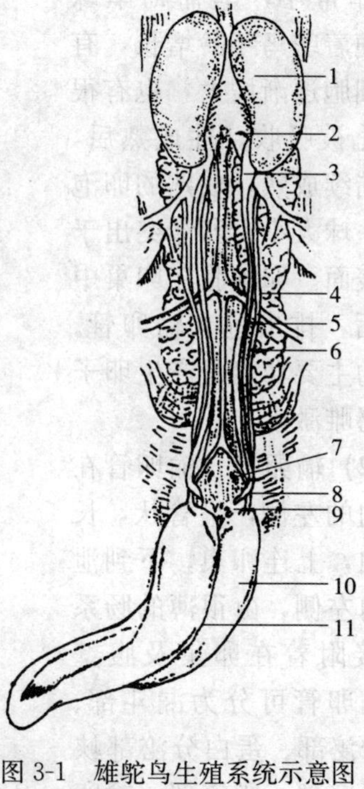

图 3-1 雄鸵鸟生殖系统示意图

1. 睾丸 2. 睾丸系膜 3. 附睾 4. 肾 5. 输精管 6. 输尿管 7. 输尿管口 8. 膨大部 9. 射精乳突 10. 阴茎 11. 射精沟

雄鸵鸟生殖系统详见图 3-1。

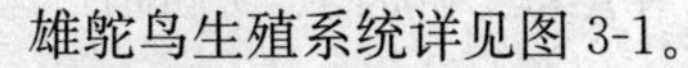

37. 雌鸵鸟生殖系统由哪几部分组成？它有什么功能？

(1) 卵巢 鸵鸟卵巢只有左侧发育正常，右侧在早期个体发育过程中已退化。卵巢位于腹腔内，肾脏前半部分左侧，呈棕色。鸵鸟在雏鸟阶段已经拥有一生可产生的所有卵细胞（约有2 000个）。这些卵细胞非常小，呈葡萄串珠状。随着鸵鸟年龄增长，有的卵细胞逐渐增大，也有很多退化被吸收。性成熟后，卵泡陆续成熟，成熟的卵泡约有垒球大小，卵泡突出于卵巢表面。卵细胞在卵巢中成熟后，排出进入输卵管。卵巢的主要功能是产生卵子和分泌雌激素。

(2) 输卵管 输卵管在腹腔内的左侧，呈管状，长而弯曲，上连卵巢，下到泄殖腔内左侧，由很薄的肠系膜连接附着在卵巢及腹壁上。输卵管可分为漏斗部、蛋白分泌部、蛋白分泌部峡部、子宫部、阴道部。输卵管的功能是输送卵黄，产生并形成蛋清、蛋壳内膜、蛋壳和壳外膜。雌鸵鸟生殖系统详见图 3-2。

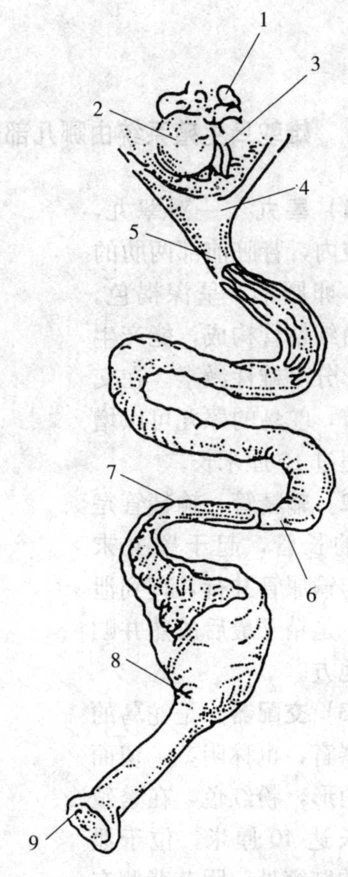

图 3-2 雌鸵鸟生殖系统示意图

1. 卵巢未成熟细胞 2. 成熟卵泡 3. 破裂的卵泡 4. 输卵管漏斗部 5. 壶腹部分的起点（蛋白分泌部） 6. 壶腹终点、峡部起点 7. 峡部终点 8. 子宫终点、阴道起点 9. 阴道口

38. 鸵鸟蛋是怎样形成的?

在雌性激素作用下，卵泡成熟并排入输卵管的漏斗部与精子结合。无论受精与否，卵泡都要继续下行到输卵管的膨大部，膨大部有许多腺体，分泌浓蛋白、稀蛋白包裹卵黄（卵泡），同时浓蛋白在卵黄两端形成系带，随着卵黄滚动系带扭转，把卵黄拉紧，固定在浓蛋白中。浓蛋白中有一种抗生素物质，防止细菌感染卵黄和胚胎。卵黄继续下行到峡部，在那里形成内、外壳膜，包裹住卵黄、胚胎和浓蛋白，两层膜大部分粘连在一起，只有在蛋的大头端内、外壳膜分开形成气室。卵进入子宫，并不断扭转，使卵内一部分水分渗出，形成稀蛋白。子宫壁分泌钙质、色素，形成蛋壳和蛋壳的颜色。蛋壳形成过程中，蛋壳上有许多大大、小小的气孔。最后子宫壁分泌蛋白，涂蛋壳上，继续下行到阴道，待产。蛋的形成到产出约 48 小时。

39. 鸵鸟蛋的结构是怎样的?

正常的鸵鸟蛋是乳白色或浅黄色，表面光滑，蛋壳上有许多气孔，并有一层保护膜（防止细菌侵入污染种蛋），形态椭圆形，重量在 1 500 克左右。蛋的详细结构详见图 3-3。

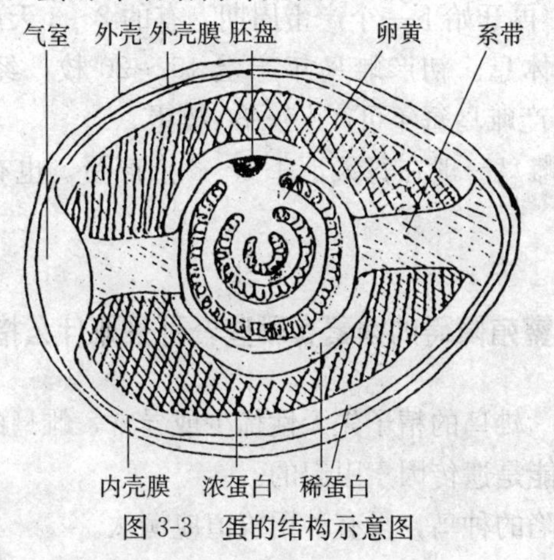

图 3-3　蛋的结构示意图

40. 鸵鸟繁殖有哪些特征？

（1）性成熟期 雌鸟一般在2～2.5岁性成熟，最早18月龄开始产蛋。雄鸟一般在3岁以上才可配种。成年黑颈雌鸟羽毛呈灰色，雄鸟除羽尖和尾羽为白色外，全身羽毛为黑色。在繁殖季节，雄鸟的喙、眼周围裸露的皮肤及胫骨的前面变为红色，泄殖腔周围也变为红色。

（2）发情表现 雄鸟发情时蹲在地面上，翅膀向两边伸展，震动，并随着头颈左右摇晃，有时颈部膨胀，发出吼叫。雌鸟发情时，主动接近雄鸟，边走边低头，喙不停地一张一合，翅膀震动向两侧伸展，蹲在地面上头颈平铺在地上，等待配种。

（3）交配 鸵鸟发情、交配一般在每天上午进行。交配时雄鸟两翅高举，快步接近蹲在地上的雌鸟，并骑跨在背部进行交配，成功的交配时间为40秒左右。雄鸟每天可交配4～6次，少数雄鸟最高可达12次。

（4）产蛋行为 产蛋前雌鸟精神紧张，表现不安，避开其他鸟，产蛋时一般在沙窝（产蛋窝）旁下蹲，两翅上、下摇晃，尾部接近地面，并有明显的腹部收缩现象，此时，蛋从泄殖腔缓慢排出。

鸵鸟产蛋周期不十分明显，有的2天产1枚蛋，产到5～6枚后，休息5～6天，再开始下一个产蛋周期。有的2～3天产1枚蛋，连续产十几枚后再休息。初产雌鸟年产蛋15～20枚，经产雌鸟年产蛋40～50枚，高产雌鸟每年可产70～80枚蛋。

绝大多数雌鸟一般在每天下午3～6点产蛋，也有个别鸵鸟在中午或晚上产蛋。

41. 引起繁殖障碍的因素有哪些？可采取什么措施预防？

（1）遗传 雄鸟的精子先天性稀少或异常，雌鸟的卵巢、子宫发育不全，都可能是遗传因素引起的。

有遗传缺陷的种鸟，没有种用价值应淘汰。

（2）内分泌 雄鸟精子的形成、排出和发情表现和交配行为，雌鸟的卵细胞的发育、卵子的排出和发情行为，都受性激素的调节与支配。性激素机能紊乱，分泌异常，都会引起种鸟的繁殖障碍。

调节饲料营养水平，适当提高蛋白质、维生素A、维生素E饲喂量，加强种鸟运动，增强体质，有可能使性机能恢复正常。

（3）气候变化 气候变化是繁殖障碍的主要因素之一。光照短、阴雨连、气候闷热、温度低等不良气候环境都会影响性激素的分泌，表现为种鸟不发情、不配种、不产蛋。

改变饲养环境，选择地势高燥、光照充足、通风良好的地区养种鸟，切忌不要在树林等影响光照的地区饲养种鸟。

（4）营养 种鸟在停产期、开产前期，饲料营养水平低、营养不足，蛋白质、维生素、矿物质严重缺乏时，种鸟机体得不到正常恢复，会产生繁殖障碍。

加强营养，种鸟在停产期，饲喂停产期饲料，有利于恢复体质。种鸟在开产前1个月左右，根据种鸟营养状况调整饲喂标准（饲喂产蛋饲料）。

（5）运动 缺乏运行也是引起繁殖障碍的因素之一。加强种鸟运动，增强种鸟体质，是克服生殖障碍的有效措施。

（6）鸵鸟疾病 疾病是引起生殖障碍的重要原因之一。雄鸟生殖器官疾病有睾丸炎、睾丸发育不良等，雌鸟生殖器官疾病有卵巢炎、生殖系统感染等，采取药物治疗有效。必要时，淘汰长期患病又医治无效的种鸟。

42. 孵化厅应怎样布局？主要设备有哪些？

孵化厅的布局应以顺序性强、便于操作、利于消毒、防止感染等为原则。孵化厅内装修后应有顶棚，墙面贴白色瓷砖，地面略有倾斜并铺防滑瓷砖（便于冲刷、消毒、排水），在适当的位置安装电源插座。主要设备：

（1）办公室 其中包括技术人员值班室和收蛋、选蛋、消毒、种蛋登记室。

（2）孵化室 有若干台孵化机、空调机、上下水管、换气扇、照明灯等设备。孵化室内应有种蛋预热室和出入口消毒池。

（3）出雏室 主要设备为出雏机、空调机，其他与孵化室内的设备相同。占地面积约是孵化室的1/4～1/3。

（4）贮蛋室 主要设备有空调机、贮蛋架。

（5）通道 宽1.5～2.0米，通道与各室相连，有出入门，门前有消毒池。

43. 鸵鸟孵化机有哪几种规格？

目前我国使用的鸵鸟孵化机有国产和进口的两大类。国产的有原电子工业部第四十一研究所和无锡孵化机设备厂等生产的孵化机。进口的孵化机是美国天然丰公司生产的孵化机。进口的孵化机从材料和精密度上比国产的好一些，按其容量大小可分为50枚蛋位、120枚蛋位、240枚蛋位和420枚蛋位孵化机。

44. 孵化机有哪些主要功能？

（1）温度控制系统 由电热管、远红外线棒控温电源和感温元件等组成。先进的孵化机设置有两组加热元件，即：主加热元件和副加热元件。感温元件从原来的乙醚胀缩饼、双金属片调节器、水银电接点温度计、热敏电阻发展到使用铂电阻集成高温元件。开机后，可按设计好的孵化温度自动调节。

（2）湿度控制系统 由贮水槽、供湿轮、驱动电机和感湿元件等组成。可自动调节机内湿度。

（3）翻蛋装置 有杠杆、曲轴和电机组成。可调节蛋盘定时、自动翻转90°。

（4）空气交换系统 由电机、电风扇组成。

（5）报警系统 监督机内温度、湿度控制系统和电机正常工作的安全保护装置。

45. 如何选购孵化机、出雏机？

（1）依据经济条件选购 进口孵化机就其功能和质量而言比国产的好一些，但价格高，选购时要根据自己经济实力而决定。

（2）孵化机、出雏机大小的选择 孵化机、出雏机是配套使用的，需要同时选购。选购时要根据本场种鸟多少和今后的发展等全面考虑。例如：鸵鸟场饲养 10 组种鸟，每组种鸟每年平均产蛋 80 枚，全年产蛋 800 枚。鸵鸟产蛋周期一般在 2～10 月。每周平均产蛋 25 枚。高峰期每周可产蛋 40 枚。鸵鸟蛋的孵化周期为 42 天。按阶梯孵化种蛋时，每周入孵一次，则需要选购 2 台容量 120 枚蛋位或一台容量 240 枚蛋位的孵化机。38 天落盘，落盘后转入出雏机，待 1～3 天出雏。入机和出机比孵化机快近 2～3 倍，因此，可选择容量为 100 枚蛋位或两台 50 枚蛋位的出雏机，可以满足生产需要。

46. 如何选择合格种蛋？日收蛋记录或月收蛋记录有哪些内容？

合格的种蛋应具备以下条件：

（1）种蛋 蛋壳上要有父、母标号标记，有利于查清血缘关系。

（2）蛋重 一般以 1 000～1 500 克为宜。蛋过大（1 600 克以上），气室相对小，胚胎后期发育不良，出壳困难或出壳后雏鸟体弱。蛋过小（900 克以下），雏鸟多为弱雏，成活率很低。

（3）蛋的形状 以卵圆形蛋最好。长形蛋、尖蛋、特别圆的蛋、软蛋、畸形蛋，蛋内结构不正常，影响胚胎发育，孵化效果差，此类蛋不能作为种蛋。

蛋的形状以蛋形指数表示，蛋形指数＝蛋的短径÷蛋的长径×100％。指数越小，说明蛋趋向圆形；指数越大，说明蛋趋向长形。合格的种蛋的蛋形指数为 0.70～0.85。例如：一鸵鸟蛋短径为 13.5 厘米，长径为 17 厘米，则该蛋的蛋形指数 13.5÷17×100％＝0.794。在合格种蛋蛋形指数范围内。

(4) 蛋壳 良好的蛋壳表面淡米黄色并均匀分布一层透明、光滑、明亮的釉质膜。气室在蛋的钝端（大头），气孔明显。蛋表面粗糙，无光泽的蛋、薄皮蛋、沙皮蛋等是蛋壳质量不好的表现，不能作为种蛋。

(5) 未被污染 被粪、尿等污染或雨水浸泡的种蛋，病菌有可能通过蛋壳上的气孔进入蛋内，危害胚胎发育。被污染的蛋不能作为种蛋。

(6) 填写好日收蛋记录或月收蛋记录。详见表 3-1。

表 3-1 日收蛋记录

栏号	标号		收蛋日期	合格种蛋	蛋重	蛋形	蛋壳质量	不合格蛋	蛋重	蛋形	蛋壳质量	污染种蛋
	公	母										
小结												

47. 如何设计和制作种蛋消毒箱？

常用消毒箱的箱体一般为长方形，容积为 1.5～2 米^3。制作要求：选用优质十二合板，做成长方形箱体，底面积 1 米×1.5 米，一面开门，箱体密封要好，分上、下两部分，上半部分有若干个蛋架，蛋架与蛋架间隔 25～30 厘米（以操作方便为准），蛋架是放蛋盘的；下半部分，占箱体容积的 1/6～1/5，放置熏蒸消毒剂用。消毒箱体底面安装万向轴承，推拉、转动轻便。

48. 什么时间消毒种蛋最好？怎样消毒？

当天收集的种蛋当天消毒最好，消毒后的种蛋及时送贮蛋室存放。种蛋消毒方法：

(1) 福尔马林熏蒸消毒方法 被消毒的种蛋放在消毒箱内的蛋架上，消毒箱推入消毒室，等待消毒。消毒剂配制：按每立方米空间用福尔马林 20 毫升（40%浓度）、高锰酸钾 10 克，放在消毒箱内底层。密封熏蒸消毒 20 分钟。打开门，当福尔马林气味消散后将种蛋送入贮蛋室保存。在消毒过程中，福尔马林气体会对胚胎有伤害，故种蛋熏蒸剂浓度不宜过大，时间不易太长。

(2) 过氧乙酸熏蒸消毒法 按每立方米空间用过氧乙酸 20～40 毫升（16%浓度）。密封熏蒸消毒 10 分钟。操作方法同上。

(3) 新洁尔灭溶液消毒 选用 0.1%新洁尔灭溶液，轻轻冲洗蛋面上的污物，以达到消毒的目的。

(4) 新洁尔灭喷雾消毒 主要用于即将入孵的种蛋消毒。选用 0.1%新洁尔灭溶液喷雾消毒蛋面，喷雾要均匀，干燥后入孵。

49. 如何保存种蛋？

创造有利条件，使种蛋在孵化前胚胎暂时不发育，保持新鲜种蛋状态。保存条件：

(1) 贮蛋室内的温度控制在 18℃左右，不能高于 23℃，因为 23℃是种蛋发育的临界温度，高于 23℃，胚胎细胞开始分裂，胚胎发育在缓慢进行，这样的种蛋入孵后会导致弱胚或死胚。

(2) 贮蛋室相对湿度控制在 60%～70%。不能高于 80%，湿度高于 80%，导致细菌滋生，影响蛋的质量。

(3) 种蛋钝端向上存放在蛋架上，以利于防止气室移位，卵黄向气室靠近。

(4) 种蛋贮存期间要经常翻蛋，有利于保持种蛋结构正常。

(5) 贮蛋室内保持清洁、卫生，定期消毒（最好在室内安装紫外线灯，定期消毒）。

50. 种蛋什么时间孵化好？

种蛋存贮 5～7 天是孵化最理想阶段。实践证明，种蛋贮存温度和入孵时间最理想的配伍为：贮蛋室温度在 18～20℃时，种蛋贮存 7 天入孵。贮存温度在 16～18℃时，种蛋不超过 15 天入孵。贮存温度在12℃时，种蛋入孵时间不得超过30天。

51. 如何调控孵化过程中四大要素——温度、湿度、通风和翻蛋

胚胎的正常发育主要依靠蛋内的营养物质和适宜的外界条件。因此，在孵化过程中应根据胚胎发育规律，严格掌握好温度、湿度、通风、翻蛋四大因素，为胚胎创造良好的发育条件。

(1) 种蛋孵化与出雏温度控制 温度是孵化的最重要条件，孵化温度掌握得适当与否会直接影响孵化效果。孵化温度偏高，胚胎发育快，胚胎死亡率高，出壳时间可能提前，雏鸟弱，成活率低。孵化温度偏低时，胚胎发育缓慢，破壳难，弱雏、湿雏多。

最适宜的孵化温度：采用阶梯孵化方法时（每周入孵一次），孵化机内温度一般控制在36.40～36.6℃，以36.5℃为宜，并且在整个孵化期内温度变化不能超过0.5℃。采用一次入孵多枚种蛋的变温孵化方法（一次入孵，同期落盘、出雏的孵化方法）时，应根据胚胎发育和一次入孵的特点，孵化机温度的设计大体分为前期、中期和后期三个阶段，前期温度为36.5℃，中期温度为36.3℃，后期温度为35.5℃。

出雏时，出雏机最适宜的温度与孵化机内温度相同或略高0.3～0.5℃。

(2) 种蛋孵化与出雏湿度控制 孵化机内的相对湿度也是种蛋孵化成败的条件之一，孵化湿度偏低时，蛋内水分蒸发快，种蛋失重超过正常规律，胚胎与蛋膜发生粘连，出雏困难。孵化湿度偏高时，影响蛋内水分正常蒸发，引起胚胎死亡，特别是孵化后期，常出现雏鸟水肿，雏鸟与蛋膜粘连，出壳困难。既使出壳，也是湿雏，很难成活。

孵化机内湿度一般控制在相对湿度20%～25%，出雏机内相对湿度约30%，有利于胚胎的正常发育，出雏效果好。

我国南方地区，在梅雨季节，潮湿闷热，相对湿度在90%以上，而且持续时间很长，常引起孵化机、出雏机内湿度调节困难，从而影响孵化效果。常出现雏鸟水肿、卵黄吸收不良等“弱雏”或胚胎闷死

在壳内。鉴于上述情况，可以考虑在孵化厅，隔出一间进气室。将外界空气先输入到进气室，进行除湿（安装抽湿机）、消毒，进气室的湿度降到40%～50%时，再通过进气口输入到孵化机、出雏机内，可以解决孵化机、出雏机调节湿度难的问题。

（3）种蛋孵化、出雏与通风换气的重要性 在胚胎发育过程中，胚胎通过蛋壳上的气孔不断吸收氧气，呼出二氧化碳，随着胚龄的增加，其需氧量也增加。通风换气可使空气保持新鲜，有利于胚胎正常发育。一般要求孵化机内氧气含量在25%左右，二氧化碳为0.5%左右，当二氧化碳含量在1%以上时，胚胎发育迟缓，死亡率高。

通风换气与孵化机、出雏机内温度、湿度关系密切，通风不良，空气污浊，流动不畅，温、湿度随之也高。通风量大且速度快时，孵化机、出雏机内温、湿度难以保证正常。因此，通风换气的原则是在保证孵化机、出雏机内正常温度、湿度的前提下，通风换气充分。

（4）翻蛋的必要性 种蛋孵化期间每2小时翻蛋一次，翻蛋角度控制在90°。翻蛋有助于胚胎运动，促使胚胎受热均匀，防止与壳膜粘连，改善胚胎血液循环，有助于胚胎获取营养。

（5）照蛋的主要作用 照蛋不是孵化条件，却是孵化工作中的主要内容，通过照蛋，剔除未受精蛋，观察胚胎发育状况。

52. 在种蛋孵化期内，胚胎变化大体可分为几个阶段？

在整个种蛋孵化期间，胚胎变化一般可分为三个阶段：

（1）前期 受精蛋入孵到胚胎喙完全形成，为前期阶段。胚胎细胞分裂、各主要器官系统和基本膜形成。这个过程是胚胎发育极为主要的阶段。如果此期，孵化温度偏高，胚胎代谢将过度提高，从而导致器官发育不良，虽然胚胎可能继续发育，但在胚胎后期会出现死亡。前期孵化温度偏低，对胚胎发育影响不大。

在前期的后一半时间里，胚胎的绒毛膜和尿囊膜融合，并沿着蛋壳形成绒毛尿囊膜（CAM）。绒毛尿囊膜成为呼吸器官，氧气透过蛋壳上的气孔进入绒毛尿囊膜进行气体交换。在这以前氧气是通过蛋白质到达胚胎。

(2) 中期 从胚胎喙完全形成到有明显的羽毛长出，为中期阶段。在此其没有细胞分裂，只是器官、系统的简单生长。绒毛尿囊膜发育完全。此期死亡率较低。如果有严重的B族维生素缺乏或中毒时，会引起胚胎死亡，畸形率升高。

(3) 后期 从羽毛长出到雏鸟出壳，羽毛生长完全，卵黄囊吸收进入体内，为后期阶段。在此期由绒毛尿囊膜呼吸转入肺呼吸，啄壳、破壳。此期胚胎发育最快，对不良的孵化环境极为敏感，胚胎死亡率高。前期和后期是胚胎死亡的高峰期。它们分别占孵化期中胚胎死亡率的1/3和2/3。

孵化前期、中期、后期的胚胎发育有明显的区别，有针对性地调控孵化机内的温度、湿度、通风条件。有利于提高孵化率。

53. 为什么要照蛋？怎样操作？

孵化期间照蛋是为了检测胚胎发育状况，剔除无精蛋、弱精蛋、臭蛋。

照蛋工作通过照蛋箱（箱内有40瓦聚光灯）、手电筒等设备进行。

整个孵化期间共照蛋4次，每次在规定的时间进行。

(1) 第一次照蛋在入孵第7天进行 可看到蛋内阴影呈月牙形，且靠近气室游动，初步认为受精蛋。阴影呈圆形，且远离气室则是无精蛋。对无精蛋要剔除并登记。

(2) 第二次照蛋在入孵第14天进行 可以观察到蛋内靠近气室处，在蛋黄上有一个亮点，且有血管向外延伸，蛋内颜色较红亮，该蛋是受精蛋。蛋内颜色微红，阴影面积比受精蛋的小，没有亮点，为弱精蛋，可保留，再观察。蛋内无变化，发亮，卵黄周围有些浑浊不清，仍与第7天所照的无精蛋相同，则是无精蛋，应剔除并登记。

(3) 第三次照蛋在入孵第21天进行 可见蛋内阴影面积增大，着色度深，呈深红色，视为胚胎发育状态正常。如胚胎颜色发白，蛋内阴影面积变化不大，为死胚，应剔除并登记。

(4) 第四次照蛋在入孵第38天进行 可见到蛋内粗大的血管向

外延伸，除蛋的小头发白外，其他大部分都被阴影所覆盖，仔细观察可见阴影部分有黑影闪动，视为胚胎发育正常。如看不到血管变化，即为死胚，应剔除并登记。

（5）及时剔除臭蛋 在孵化过程中，个别蛋有臭味，即是臭蛋。应及时从机内检出臭蛋，防止臭蛋炸裂，污染其他入孵的种蛋和孵化机，要剔除臭蛋并登记。

54. 怎样提高种蛋孵化率？健雏率？

（1）更新血缘，打破自繁自养的常规 我国鸵鸟养殖场规模小，且大多数养殖场自繁自养，近亲繁殖在所难免。近交系数高，导致一系列的衰退现象，主要表现有：胚胎胎位不正，早期死亡率高。雏鸟出壳能力弱，无力破壳，导致死在壳内。雏鸟体弱，多数为弱雏，生长缓慢，死亡率高。头颈歪斜，瞎眼等畸形。

有计划地引进同一品种、同一品质、不同血缘的种鸟，进行选配，可以防止近亲繁殖的不良影响，提高孵化水平。

（2）加强种鸟饲养，饲喂全价种鸟饲料 种鸟营养缺乏，导致种蛋的营养不均衡，在种蛋孵化过程中引起胚胎早期、中期死亡或雏鸟畸形。主要表现有：维生素E、维生素A缺乏时，胚胎血液循环受阻、失调，导致胚胎死亡。维生素B_{12}缺乏时引起胚胎甲状腺肿大、出血、水肿。核黄素、生物素缺乏引起胚胎骨骼发育不正常，骨短小，卷曲趾，腿细。维生素D_3缺乏，磷、钙不足时或比例失调时，引起骨骼畸形。微量元素锰、锌缺乏时，引起骨骼发育不正常，软骨、腿骨短、畸形。饲喂种鸟特别是生产期间的种鸟全价配合饲料和优质的青饲料是保证种蛋质量，提高孵化率的措施之一。

（3）加强种鸟管理，保证种鸟健康 种鸟患大肠杆菌病、沙门氏菌病等传染病，病菌可垂直传播给种蛋。被感染的种蛋，在孵化期间，病菌进一步侵入感染胚胎，使胚胎发育受阻，易死亡。即使胚胎能够发育，出壳的雏鸟腹部肿大，脐带有炎症，闭合不全，成活率低。

防治措施：治疗患有大肠杆菌病、沙门氏菌病等传染病的种鸟。

在繁殖期到来前20天左右，在种鸟饲料中添加磺胺类药物，有效地消灭大肠杆菌、沙门氏菌，防止种蛋在母体生殖系统被污染。

（4）加强种蛋管理，防止种蛋被污染 加强养殖场的消毒措施，严格收蛋、贮蛋、消毒制度，防止种蛋被污染。

严格控制熏蒸消毒药剂量和熏蒸时间，防止用药量多或熏蒸时间长，胚盘受到严重刺激，影响胚胎正常发育，导致胚胎早期死亡。

贮蛋室温、湿度控制适当。贮蛋室温度高于23℃时，胚胎开始缓慢发育，入孵后，胚胎会出现早期死亡。

（5）调节好孵化期间的温、湿度，保证胚胎正常发育 孵化温度不适宜，会影响蛋内各种酶的活性，而使各种组织器官发育受阻，甚至导致胚胎早期或晚期死亡。

孵化温度偏低会出现胚胎发育缓慢，推迟出壳时间。雏鸟卵黄囊未吸收或吸收不良。雏鸟脐带封闭不好，有炎症。出壳时残余蛋清使雏鸟与蛋片粘连，会伤害雏鸟皮肤。雏鸟弱小，发育受阻，死亡率高。

孵化温度偏高会出现胚胎发育快，早出雏，雏鸟弱，且生长停滞。雏鸟破壳困难，常死在壳中。雏鸟常出现共济失调等神经障碍。

孵化湿度偏高，会出现蛋内水分散发（失重）困难，严重时影响胚胎气体交换，胚胎水肿，无力出壳，死于壳中。出壳的雏鸟多数是湿雏、体弱雏，往往伴随腹部肿大，脐带闭合不全，易感染发炎，死亡率高。

孵化湿度偏低会出现雏鸟弱，生长停滞。骨骼发育不正常。颈部弯曲。

（6）保证孵化期间合理的翻蛋间隔与翻蛋角度 孵化期间翻蛋间隔时间过长或翻蛋角度不正确，会引发胎位不正，易出现雏鸟曲颈、脚趾扭曲等畸形或胚胎死亡。

（7）加强孵化机通风管理 孵化机通风失控，机内二氧化碳和氧气平衡失常，易引起后期胚胎窒息死亡。

（8）发现停电，及时处理，保障孵化机的正常运转 孵化机停止运转或凉蛋时间超过3小时，机内温度降低，胚胎会死亡。孵化技术人员要坚守岗位，发现孵化机故障或临时停电，要及时采取必要措施，保证孵化机正常运转。如需要凉蛋，凉蛋时间不得超过半小时。

55. 衡量孵化效果的指标有哪些？

（1）入孵种蛋的合格率 指种鸟所产能入孵种蛋数与产蛋总数的比值。

入孵种蛋合格率（%）＝能入孵种蛋数÷产蛋总数×100%

（2）受精率 指受精蛋数与入孵种蛋数的比值。

受精率（%）＝受精蛋数÷入孵种蛋数×100%

（3）孵化率 指出雏数量与受精蛋数的比值。

孵化率（%）＝出雏数量÷受精蛋数×100%

（4）健雏率 指健雏数量与出雏数量的比值。

健雏率（%）＝健雏数量÷出雏数量×100%

（5）死亡率 指孵化中死胎数量与受精蛋数的比值。

死亡率（%）＝死胎数量÷受精蛋数×100%

56. 种蛋孵化操作规程包括哪些内容？

种蛋孵化操作规程是根据胚胎发育所需要的外部因素而设计的。主要有以下几方面内容：

（1）种蛋孵化前对孵化室、出雏室、孵化机、出雏机清除杂物、垃圾后，用2%～3%火碱对墙壁、地面喷洒消毒，再用清水冲洗，随后再用福尔马林熏蒸消毒。

（2）孵化前对室内的电源系统、照明、空调机等电器设备进行检修、调试，使其达到安全使用指标。

（3）孵化机、出雏机的温度、湿度、通风换气、报警器等要调整到最佳状态。机内设定温度为36.4℃，各个角落温度显示基本一致。相对湿度为20%～30%。

（4）调整蛋架自动翻转次数，2小时翻转一次，翻转角度为90°。

（5）孵化室、出雏室的温度要保持在18～25℃，最理想的温度为20℃。室内相对湿度一般为30%～50%。

（6）种蛋上孵前，在预温室预热10～12小时，预温温度为20～25℃（预温是防止大量冷蛋突然进入孵化机内，大量吸热，引起孵化机内温度波动。预热也可防止种蛋“出汗”，减少胚胎应激）。待种蛋逐渐升温至室内温度后，再次用福尔马林熏蒸消毒一次入孵。

（7）将种蛋大头向上码放在蛋盘上，放在机内的蛋架上。如果采用阶梯孵化法，新入孵的种蛋应放在孵化机蛋架上半部分，原来入孵的胚蛋顺序下调，也可以新、老胚蛋在孵化机内插花放置，有利于种蛋受热均匀和机内温度均衡。入孵的种蛋要标记清入孵批次，种蛋码放位置和时间。

（8）种蛋入孵要严格执行登记制度。有利于了解孵化效果，分析种鸟饲养情况及雏鸟血统关系。登记表主要内容有：种鸟栏号、种蛋父号母号（蛋号）、产蛋日期、蛋重、入孵时间、种蛋孵化效果情况及雏鸟编号等。

（9）观察、调控和记录孵化机、出雏机的温、湿度变化。每两小时观察一次机内温、湿度，保证孵化温度、湿度处于正常状态。

（10）要随时注意翻蛋情况，保证每隔2小时翻一次，翻蛋角度为90°。直到种蛋落盘都要翻蛋。

（11）照蛋。整个孵化期间共照蛋4次。

（12）种蛋称重。称重是了解种蛋失重情况，判断孵化条件是否适宜的重要手段之一。整个孵化期间共称重4次，“胚蛋”最理想的失重为15%～18%。

（13）落盘。种蛋孵化第38天时要落盘，“胚蛋”转入出雏机。落盘的同时要对“胚蛋”进行第4次照蛋，观察胚胎发育状况。

（14）“胚蛋”转入出雏机后，要每天照蛋一次，40天以后每天上、下午各照一次。大约在入孵第40天，环绕气室边缘有不规则的线条，则表明胚胎的喙正伸入气室内啄壳。再经24～48小时雏鸟自然破壳。对40天胚胎喙未伸入气室内可能是胚胎很弱，可在气室部位的蛋壳打一个小孔，供氧，增强雏鸟活力，有助于破壳。43天以后，对于个别体质很弱、腹部肿大的胚胎，很难出壳，要淘汰。

（15）雏鸟称重编号。出壳的雏鸟首先进行脐带消毒，其次是雏鸟编号（包括父母号）、称重并登记入册，放入机器底部的出雏箱内，待雏鸟羽毛风干或近似干燥（约 24 小时）后，转入育雏室。

（16）贯彻执行严格的防疫消毒制度，孵化室消毒工作是重中之重，不得马虎。

出入孵化室的工作人员要消毒，更换工作服、工作鞋；孵化厅与外界接触机会多，污染概率高，要经常清扫，每天消毒地面；室内通道、孵化室、出雏室等，用 0.1%新洁尔灭、百毒杀（0.3%）等消毒液，每天喷雾消毒 1～2 次；孵化结束后，对孵化机、出雏机、蛋盘、蛋架、出雏箱等孵化设备要清理、清洗、消毒。

（17）随时检查孵化机、出雏机的运转情况。注意孵化机是否处于正常运转状态。常见故障有皮带松弛或断裂，要检修，更换。翻蛋出现故障，可能是蛋架上的长螺栓松动或脱出，要调整。孵化机出现异常响声，可能是风扇松动，要紧固。

57. 什么是火炕孵化方法？

利用火炕散发的热量使孵化室的温度提升，到达孵化种蛋的适宜温度。同时也能相应解决湿度、通风和翻蛋功能的孵化方法，称火炕孵化方法。火炕孵化是根据我国北方特有的传统火炕孵鸡方法，经过不断改进，嫁接过来的既简单又易操作的种蛋孵化方法。

58. 火炕孵化室的基本结构是怎样的？室内有什么主要设备？

孵化室大体分火炕、火墙、半地下炉灶三部分。

（1）火炕　孵化室内地面上铺隔热性能好的水泥预制板，在水泥预制板上用高 15～30 厘米的砖或水泥块砌起 3～5 条弯弯曲曲的通道，也是支撑炕面的隔墙。通道的一端与室外炉灶相通，另一端直通墙角的烟囱。火炕炕面用散热好且坚固的水泥预制板架在隔墙上，再用水泥、石灰、沙混合泥抹平、压光。当室外炉灶起火时，其火力、热气、烟进入弯弯曲曲的通道，缓慢流动，烤热了炕面，然后汇集到墙的一角，从烟囱排出室外。火力、热气、烟在炕面底下的循环过程，使炕面保持一定温度，同时热炕的散热也提高了孵化室内的温度。

(2) 火墙 加厚孵化室两面隔墙，隔墙中心是空的并有类似火炕中的通道，通道一端与室外炉灶相通，另一端直通墙角的烟囱。炉灶中的火力、热气、烟进入隔墙中的通道，烤热隔墙，靠隔墙的散热提高孵化室内温度。其烟通过墙角的烟囱排出室外。

(3) 炉灶 在室外靠（一般在背风的一面墙）墙基下，建造半地下炉灶。炉灶用炉壁分成上、下两层，炉壁底面与火炕、火墙底面基本平行。炉灶上层放燃料（木材下脚料、柴草等），下层是供氧层、炉灰暂存处。炉灶的上层与火炕、火墙的通道相同，当点燃炉灶后，炉灶的火力、热气和烟能顺利进入（抽入）火炕、火墙中弯弯曲曲的通道，并缓慢流动，烤热火炕、火墙。然后从墙角的烟囱排出。炉灶下层的炉灰要经常清理，保持供氧充足。炉灶安装铁门，防止余热散发。

(4) 火炕孵化室内的设备 有立体框架、换气孔、排风扇、水盘、温湿度计等。立体框架是放蛋盘用的。根据室内面积大小和操作方便，安排若干个立体框架，框架长、宽、高以操作方便为准（参考尺寸：长 1.5 米、宽 1 米、高 2 米左右），框架分隔成 4～5 层蛋架。框架可分两种：一种是蛋盘固定在蛋架上，不能活动；另一种是蛋架靠拉杆、曲轴、减速器、计时器等部件控制，可以定时带动蛋盘翻转 90°。

粗略地说，火炕孵化室就是一个放大的孵化机。

59. 如何操作火炕孵化种蛋？

(1) 升温 点燃炉灶，室内温度维持在 35.3～36℃。水盘加水，维持室内湿度在 25%左右。可上孵种蛋。

(2) 温度控制 火炕孵化所需要的温度不靠电力保证，而是通过管理人员点燃室外的供暖炉灶。炉灶的火力、热气、烟经过火炕中弯弯曲曲的通道，烤热了炕面，靠散热使孵化室内温度提升。温度高、低主要取决于工作人员烧火时间长短、燃料多少、供暖炉的火力大小。

（3）湿度控制 在室内适当位置放若干个水盘，靠水盘水分自然散发保持室内适宜湿度。必要时在室内洒水、喷雾，使室内湿度达标。

（4）通风 靠室内通风孔、电风扇进行气体交换，保证空气新鲜，温、湿度均匀。

（5）温度、湿度，通风依靠工作人员的操作经验（感觉）和室内温湿度计的显示指标，来调控供暖炉的火力大小。有许多养殖场的火炕孵化室安装了温、湿度敏感器，可以在孵化室的工作间，通过显示屏看到孵化室内的温、湿度情况。根据显示屏的显示数据，结合工作人员的操作经验来调控供暖炉的火力大小，更有利控制好火炕孵化室比较适宜的温、湿度。

（6）翻蛋 一种是蛋盘不能翻转，固定在蛋架上的，靠人工翻动种蛋。可以利用推拉式手动翻蛋工具翻蛋，减轻劳动强度。手动翻蛋工具可以自行制作：选一块长50～0.8厘米，宽10～15厘米的木板，木板上固定有长15～20厘米的鬃毛或粗棉线条，木板中间有活动轴与推拉杆相连。拉杆长100厘米，直径35～30厘米。翻蛋时，将毛刷放在种蛋上，轻轻推动拉杆，种蛋可翻动接近45°～90°。另一种是蛋架连同蛋盘可自动控制翻转。设定每2小时自动翻蛋一次，翻转90°。

（7）照蛋、落盘、出雏、雏鸟护理等程序与机孵相同，可参照机孵种蛋操作规程。

（8）火炕孵化过程中的防疫消毒工作，可参照机孵种蛋执行。

四、鸵鸟饲养管理

60. 如何选择鸵鸟场址?

场址选择，要充分考虑其自然条件和社会条件。自然条件包括地势、土壤、气温、雨量、风向、光照时间等自然因素。社会条件重点考虑交通、水源、电源、附近农作物品种、青粗饲料来源，以及周边环境，是否有村庄和其他畜、禽养殖场，疫情情况等社会因素。也要考察是否有扩大养殖规模和发展周边农户饲养商品鸟的可能性。

场址对未来的生产、建设和发展前途关系重大。场址一经确定，特别是施工投产后，就难以随便改迁。

(1) 选择场址 以不占或少占耕地为原则，利用废弃荒地、沙荒地、坡地、贫瘠土地和农作物生长不良的地块。

(2) 地势选择 地势较高、利于排水，通风良好，光照充足。

(3) 土壤 场地土壤尽可能选择沙壤或半沙壤，因为沙壤土地松软，透气和渗水性好，雨后不存水，不泥泞，易保持干燥。在阳光下，沙壤土地表温度很高，有利于场地自身净化，防止有些病菌、寄生虫生存和繁殖。

(4) 水源 充足清洁的饮水是保证鸵鸟健康，充分发挥生产能力的重要条件。因此，在确定场址前，需认真调查水源，确保水量充足，水质好。

(5) 电源 要求供电充足，稳定。种蛋孵化、育雏、饲料加工、工作人员办公、场内照明等都需要用电。

(6) 周围环境 鸵鸟敏感，易受惊，引起应激反应，严重应激会影响正常的生长繁育。因此，鸵鸟场周围的环境尽量要安静，远离居民区、繁忙的公路、铁路以及产生较大噪声的工厂和单位。

（7）便于防疫　鸵鸟场要相对封闭，场址要远离畜、禽养殖场、屠宰厂和村镇，有利于防控鸵鸟交叉感染禽类疾病。

（8）交通方便　场址最好离主要公路 500 米左右，农村公路 50 米左右，方便运输。

（9）青粗饲料来源充足　鸵鸟场附近农区或半牧区能够提供大量优质的青、粗饲料和蔬菜下脚料以及农作物秸秆等饲料，对鸵鸟养殖、降低饲养成本、鸵鸟场未来发展都很重要。

（10）最好不用废弃的养禽场，因为旧场址可能残留有禽类病菌。如果因种种原因，必须利用废弃的养禽场，旧场必须彻底翻新、全面消毒后，方可利用。

61. 如何利用废弃的养禽场养鸵鸟？

（1）清除原来养禽场院内、禽舍一切废弃物，铲除并清理院内、禽舍被污染的地面。

（2）铲除并清理舍内原墙面、房顶等装修材料。对院内、禽舍等用强消毒剂消毒 2～3 次。

（3）地面铺新土并夯实。舍内重新装修。

采取诸如以上措施，以彻底清除和消灭一切传染源。

在鸵鸟饲养过程中还要时刻观察鸵鸟的行为状态，发现异常，采取必要措施。认真执行养殖场防疫消毒制度，对养殖场地和周边环境定期消毒。按免疫程序，选用合适的疫苗对各年龄段的鸵鸟进行免疫接种，保证鸵鸟健康无病。

62. 鸵鸟场内布局应遵守哪些原则？

（1）有利于生产　按照鸵鸟饲养目和生产环节的不同，按地势高低（由高至低）和风向（上风向至下风向），顺序安排工作人员生活区生产管理区和生产区。

生产管理区：应在该场一侧，地势高，上风向。有办公用房，庭院，大门口等区域。

生产区：顺序安排为孵化室、育雏室、后备鸟饲养区、种鸟饲养区、青年鸟饲养区和隔离区、粪便垃圾处理区等。在生产区一侧，靠近养殖场的旁门（便于运输），安排饲料库房、饲料配制区和青粗饲料加工区。

工作人员生活区：工作人员生活区与生产管理区、生产区接壤，最好有院墙，通往生产管理区、生产区有人行通道和消毒池。

（2）有利于防疫 防疫是鸵鸟场的日常工作，场内布局应有利于防疫工作的开展。如：大门口设有来往车辆和行人消毒设施。生产区各个生产单元，特别是孵化室、育雏室均应有相应的防疫措施。生活区要有更衣室和消毒设施等。

（3）有利于工作和管理 场内道路设计应合理，大、小道路能够四通八达，路面平整，排水性能好，各区连接合理，方便种蛋、饲料、杂物和粪便运输。减小劳动强度，提高劳动生产率。

63. 鸵鸟栏舍设计有哪些基本要求?

根据不同年龄鸵鸟的行为特性和生理要求，通常将栏舍分为三大类：种鸟栏舍、青年鸟栏舍和雏鸟栏舍。

鸵鸟栏舍总的要求：设计面积适当，四周有良好的排水沟渠，围栏坚固、适用，没有突出的尖角棱刺，栏高1.8～2.0米。围栏材料可采用防锈金属丝网（规格：长3米，宽1.5米，网孔6厘米×6厘米），柱桩可选用直径为8～12厘米的钢管或12～15厘米方形水泥柱。柱桩间隔3米，用以支撑和固定金属丝网。金属丝网底端距地面高30厘米左右。

简易围栏材料，可选用8号镀锌铁丝、10号镀锌铁丝、竹条、木棍、木桩、水泥桩等，价格便宜。柱桩间隔3米，柱桩间用铁丝或竹条或木棍横向拦成3～4段间隔，栏高1.8～2.0米，最低一根离地面30厘米左右。

运动场地面以沙地、半沙地为好，场地干燥、没有异物，通风良好，光照充足并有遮阳、防雨棚，电力充足，水源方便。鸵鸟运动场规格要因地制宜，不强求一致，但要基本保证鸵鸟有一定运动空间。

鸵鸟的食槽、水槽可固定在围栏一侧，便于给水、投料、清理和消毒。

关于鸵鸟栏舍的规格，可参考表 4-1。

表 4-1 不同年龄鸵鸟运动场建议规格（米²/只）

运动场类型	鸵鸟月龄	运动场面积	运动场形状	标准规格
雏鸟	0～3 月龄	4～8	长方形，方形	每 15～25 只长 15～20 米，宽 3～9 米
生长鸵鸟	4～6 月龄	10～20	方形	每 25～30 只长、宽各 15～20 米
商品鸟	6 月龄以上	20～30	方形	每 25～30 只长、宽各 20～40 米
种鸟	产蛋种鸟	200～300	长方形	每 15～25 只长 35～45 米，宽 20～25 米

64. 种鸟栏舍设计有哪些基本要求?

种鸟栏舍设计除遵循鸵鸟栏舍总的要求外，另有以下要求：

(1) 面积与形状 种鸟以 1 雄 2 雌为一组，生活在一个栏舍内。种鸟又有运动、奔跑和追赶的习性，因此，必须为其提供较大的运动场。运动场地最好是长方形或楔形，长度要基本满足种鸟奔跑的距离，楔形运动场有利于驱赶、集中鸵鸟，为捕捉种鸟进行防疫注射等工作提供些方便。参考面积为 1 000～1 200 米²（长 35～45 米，宽 20～25 米）。

(2) 栏舍间要有隔离带 一般种鸟栏与栏之间，要有 1～1.2 米宽与栏舍同长的隔离带。隔离带可以有效地防止种公鸟在发情期为争夺配偶互相追赶、打斗，引起伤鸟现象。在隔离带种树、绿化，可防风、遮阳、调节空气。

(3) 栏内要有鸟舍 每个围栏内应建一个鸟舍，鸟舍面积一般 15～20 米²，方形或长方形都可以。在温暖地区可采用简易竹棚结构的遮阴凉、挡风雨棚。北方地区，天气寒冷，低温时间较长，要有砖结构鸟舍。鸟舍有两种形式：一种是鸟舍有三面墙、有顶、向阳，舍高 3～4 米，一面坡式简易结构的鸟舍；另一种是较宽大的、粗水泥地面，有门窗，通风、排水良好的房舍。鸟舍应能发挥遮阳、挡风雨、避寒，供鸵鸟做窝产蛋，雨天喂鸟等作用，鸟舍排水系统要好，舍内应干燥、通风。

65. 青年鸟栏舍设计有哪些基本要求?

青年鸟栏舍设计，要求除遵循鸵鸟栏舍总的要求外，还要考虑青年鸟的饲养特点，青年鸟通常是大群饲养，以30～50只为一群。青年鸟有大群奔跑、运动的习性，因此，其运动场为方形、长方形较为适宜。面积大小因年龄不同而不同，10～50米^{2}不等，详细设计要求，可参考表4-1中的规格要求。其他要求内容与鸵鸟栏舍总的要求相同。

66. 雏鸟栏舍设计有哪些基本要求?

雏鸟栏舍总体要求：保温性能好、地面干燥、清洁卫生、通风。因此，雏鸟栏舍地面要有防潮、防滑、排水良好的功能。通常采用水泥地面、防滑瓷砖地面。地面略有倾斜，便于排水。舍内四壁光滑，便于清洗消毒。鸟舍设有门窗、电源、通风孔，换气扇。运动场不可太大，场地有遮阳防雨棚，地面松软，沙地面最好。因气温高低不同，与育雏室结构略有区别。

(1) 温暖地区育雏室　育雏室坐北朝南，排房，前檐向外延伸2～3米，可做遮阳防雨棚用。每排有10～15间房，每排育雏室均有一个小规模的饲料加工间和工作通道。

(2) 寒冷或比较寒冷地区育雏室　除一般要求外，还要加强保温设施，室内安装暖气或取暖炉灶。有的地区育雏室建有火炕、火墙(火炕育雏室造价低)，保证育雏室适宜温度。

(3) 运动场基本要求　每栋育雏室外都有运动场，运动场与育雏室同宽，长为10～15米。外围墙高1.2～1.5米。每间育雏室的运动场用隔断墙分开，材料可选用镀锌、小孔铁丝网或塑料网等。高为0.5～0.8米。运动场地面应松软、干燥，沙地面最好。

在寒冷或比较寒冷地区可设计塑料暖棚运动场，塑料暖棚可采用半拱式结构，与排房同宽，棚高3米左右，低于前檐（有利于排屋顶雨水）。暖棚的材料有钢筋、钢管或木桩、粗竹竿、加厚透明塑料膜等。暖棚能透光，能保温，坚固耐用，棚顶要有一定的承重能力和良好的排水系统。不同地区根据地区气候实际情况，考虑暖棚的结构与大小。

（4）饲料加工间　每排育雏室要有一个饲料加工间，面积为50～100 $米^2$。主要设备有：小型的青饲料切碎机和雏鸟饲粮配制用具等。

67. 鸵鸟雌雄配对有哪几种方式？

作为纯种繁育的种鸟，雄雌配对为1∶2，有利于查清后代的血缘关系、雄雌的生产能力，有利于选择优良后备鸟，稳定和提高种群质量。作为生产群的种鸟，雄雌配对多为2∶5或3∶7，这种配比方式，要求有较大的围栏，以利于雄鸟各占一方，有自己喜欢的配偶。作为生产商品鸟，这种配比有很多优点：一是充分利用优秀雄鸟配种能力，种蛋受精率均在75%以上；二是减少雄鸟饲养数量；三是管理比较粗放，劳动强度小；四是降低饲养成本。

68. 鸵鸟雄雌配对怎样选定？

生产中一般采用两种方法进行雄雌配对。

（1）自然选配　将一定数量的雄雌鸟，放在一个较大的围栏内饲养，让雄鸟自行选择其配偶。一旦发现一只雄鸟和两只雌鸟交配成功，即将其转出，成为一组，分栏饲养。自然交配必须同时考虑血缘关系。

（2）人工选配　选配时要考虑雄雌鸟的血缘关系、年龄、体型、雄鸟的受精率和雌鸟的产蛋率。预配时应先将两只雌鸟赶入栏中（主鸟），然后将一只雄鸟再赶入栏中（客鸟）（可避免雄鸟追打雌鸟），饲养在一个栏舍中，观察一段时间，如雄雌鸟亲和力较强，雄鸟能成功与两只雌鸟交配，便成为一组。如果亲和力不强，不交配，更换雄鸟或雌鸟，再进行试配。直到成功为止。

69. 种鸟饲养管理有哪些主要原则？

饲养种鸟的目的是为了获得更多的优质种蛋，因此，种鸟饲养管理原则是采取一切措施提高产蛋量和受精率。种鸟饲养管理原则主要有以下几点：

（1）根据选种选配理论，组建好种鸟核心群 依据我国《种鸟标准》和种鸟前2～3年生产性能的表现和外貌特征，选择种鸟，建立种鸟核心群。核心群种鸟必须是纯种，生产性能高于群体。1雄2雌为一组，饲养在一个围栏中。核心群种鸟必须有完整的系谱档案，包括种鸟的来源、品种、性别、年龄、血缘、双亲和自身的生产性能。

种鸟核心群主要作用是，提供优秀种鸟后代，不断提高种群生产性能力。有效地防止血缘近亲选配，培育新品系等。

（2）根据种鸟营养需要配制鸵鸟日粮 以青粗饲料为主，适当搭配一些全价配合饲料作为鸵鸟标准日粮。例如：种鸟在繁殖季节的日粮标准为，每天饲喂青饲料3～4千克，粗饲料1～1.5千克，配合饲料1～1.5千克（含粗蛋白18%左右的产蛋饲料）。能够满足种鸟生长发育和繁育的营养需要。有利于鸟的发情、配种，产蛋。

（3）优化饲喂方法 选用优质青粗饲料和种鸟专用的全价配合饲料。青、粗、配合饲料混合并搅拌均匀，分3次饲喂。天刚亮喂第一次（防止饥饿吃沙），中午和晚上各一次。也可以在晚上加喂一次青饲料。饲养种鸟要防止过肥，过肥影响发情、配种，雌鸟产蛋减少，雄鸟精液品质下降，种蛋受精率低。

（4）观察种鸟，做好生产记录 饲养观察和做好生产记录是种鸟管理的重要内容，是建立系谱资料的第一手资料。种鸟的发情、配种和产蛋等，是观察的主要内容。在每年种鸟休产期间，技术人员要根据观察和生产记录，整理出每一只种鸟饲养和生产过程中的表现（主要是雌鸟的产蛋数量、种蛋质量、受精率及种鸟的亲和力等），整理成生产资料。通过生产资料可以清楚地了解每只种鸟的生产表现，为种鸟饲养管理提出合理建议，同时为编写系谱档案打下基础。

（5）建立严格的种鸟淘汰机制 应淘汰产蛋量减少的雌鸟，精液品质下降的雄鸟，伤残鸟和老鸟。有计划增补后备鸟，稳定和提高核心群、种鸟群的生产能力。

（6）建立预防为主、治疗为辅的防疫制度 鸵鸟生活在一个非常复杂的生物圈内，在这个圈内生存着许许多多的微生物，其中有一小部分是病原微生物，如禽流感病毒、新城疫病毒和大肠杆菌等，专门侵袭禽类，也包括鸵鸟。在外界条件适宜时，病毒或病菌大量繁殖，通过各种媒介侵袭雏鸟、弱鸟、抗病能力不强的鸵鸟。病毒或病菌在鸵鸟体内生存、繁衍，使之发病，甚至死亡，严重时，会发生疾病传播、蔓延、流行，造成更大的损失。所以，要加强预防措施。

预防措施：一是观察鸵鸟行为动态制度经常化；二是养殖环境的消毒工作日常化；三是增强鸵鸟免疫能力制度化。

70. 鸵鸟发情、配种有什么行为表现？

（1）雄鸟发情时表现 雄鸟的腿部、喙的表皮逐渐变红；睾丸增大，外包皮变红；发情时蹲在地上，翅膀和尾部高举，随着头颈一起左右晃动，有时憋足气，使颈部膨胀，发出吼叫声。发情的雄鸟经常追赶雌鸟要求配种。

（2）雌鸟发情时表现 主动接近雄鸟，在雄鸟附近边走边低头颈，有时头几乎接触到地面；雌鸟后躯做出排尿、排粪姿势等行为；多数雌鸟发情时下蹲，头颈平铺在地面上，嘴巴不停地一张一合，发出“叭嗒”“叭嗒”的响声，双翅张开并不停地震颤；尾部上下摆动，等待交配。

（3）交配 交配时，雄鸟从后侧爬跨雌鸟，右腿趴在雌鸟背上，并张开翅膀跟随着头颈左右摆动，此时，阴茎脱出，从左边插入雌鸟的泄殖腔内。交配时间约 30 秒至 1 分钟。交配成功时，雄鸵鸟发出“呜”“呜”的低吼声。

每天上午发情配种，通常一只雄鸵鸟一天交配 4～6 次，有少数性欲高的雄鸟一天交配可达 12 次以上，但不是每次都能交配成功。

71. 雌鸟产蛋前有哪些行为表现？

在一般情况下，雌鸟在产蛋前有如下表现：精神不安，紧张，不吃，不喝，避开其他鸟沿围栏来回走动，长时间抬头远望，努责，喙快速地一张一合等。当开始产蛋时，雌鸟在较固定的产蛋沙窝蹲下，展开双翼上下晃动，尾翼触地。临产时腹部收缩，经过反复努责收缩后，泄殖腔缓缓张开，蛋由小头从阴道产出。雌鸟产蛋过程需要时间不太一样，初产雌鸟产程较长，约 1 小时，经产雌鸟产程较短，最短的仅几分钟。

72. 雌鸟产蛋有规律吗？

总的说来，雌鸟产蛋规律性不强，有的鸵鸟在一个产蛋周期中，每 2 天产一枚蛋，连续产 4～10 枚，休息 3～7 天后，又开始下一个产蛋周期，也有的鸵鸟休息 20～30 天后，才开始下一个产蛋周期。高产鸵鸟连续产 20 枚蛋后才休息几天。天气变化对产蛋规律性影响很大，气候温和，阳光充足时，连续产蛋多，相对休息时间短些；阴雨连天，天气闷热的季节，休息时间较长。

大多数产蛋鸟在每天下午 3～6 点开始产蛋，也有个别雌鸟在上午或夜间产蛋。

73. 影响雄、雌鸟生产性能下降的因素有哪些？

（1）遗传因素 鸵鸟也遵循具有优良性状的亲代有可能将其优良性状遗传给下一代的遗传理论，因此，精液品质好、产蛋多的双亲有可能将优良性状遗传给下一代。相反品质差的种鸟，其后代的生产性能可能也低。

（2）近亲交配 近亲交配会产生衰退现象，表现为繁殖力减弱、死胎、畸形胎、弱雏鸟增多。雏鸟生活力、适应能力、抗病能力减弱，死亡率高，近亲繁殖的后代生产能力也降低。

（3）营养不良 种鸟日粮配制不合理，饲料中粗蛋白质低于18%，赖氨酸、蛋氨酸、维生素、矿物质严重缺乏，青、粗、精饲料搭配不合理时，种鸟会产生繁殖障碍。

（4）应激反应 鸵鸟受到异常刺激，机体内性激素机能紊乱，影响雄鸟精子形成和雌鸟卵细胞的发育，表现为种鸟不发情、不配种等繁殖障碍。

（5）气候变化 气候变化是繁殖障碍的主要因素之一。光照短、阴雨连绵、温度低、气候闷热等不良气候环境都会影响种鸟发情、配种、产蛋。

（6）鸵鸟疾病 传染病、常见病及卵巢炎等生殖系统感染，都会引起机体内分泌紊乱，器官机能减弱，影响雄鸟的精子品质，以及雌鸟产蛋质量和数量。

有针对性的避免种鸟繁殖障碍因素的影响，是提高种鸟繁殖能力的主要措施。

74. 人工接蛋怎样操作？

（1）饲养人员平时应多接近雌鸟，在接近雌鸟的同时，反复重复一句简单的话，如：你好，不会伤害你，等等，使种鸟具有安全感，建立与产蛋鸟的感情。观察和接近雌鸟，可以熟悉、掌握每一只雌鸟产蛋规律。

（2）饲养人员在种鸟开产前要做好每一只雌鸟产蛋的准备，如接蛋记录卡、接蛋用的消毒毛巾、消毒过的瓦楞纸箱等。

（3）准备接蛋。在产蛋期，饲养人员要勤观察每一只雌鸟产蛋行为，如发现某只雌鸟在产蛋窝附近走动，焦躁不安，这是产蛋前兆。当雌鸟蹲下，喙一张一合、口流黏液、扇动翅膀时，表示即将产蛋。此时，饲养人员要立刻轻轻地、快步走过去，小心接近雌鸟，半蹲在雌鸟后躯一侧。在接近雌鸟时同样反复重复同一句话，使它感觉有安全感。当尾羽翘起，一手轻轻提起鸟的尾羽，另一手拿好消毒过的毛巾在泄殖腔处等待，雌鸟经几番努责后，蛋由小头开始排出。饲养人员接蛋后，迅速离开。种蛋做好标记、记录，用消毒毛巾包好，暂时存放在贮蛋箱内。在接蛋过程中，不能急躁，注意人身安全。

（4）产蛋结束后，立即将所有种蛋送孵化室登记、熏蒸消毒、贮存。

（5）做到人工接蛋种蛋的双亲清楚，血缘清楚，种蛋免受地面污物的污染，可使孵化率提高20%。

75. 种鸟为什么要休产？休产期种鸟如何管理？

种鸟休产是自然规律。在休产期，种鸟可以得到体力恢复，为下一个繁殖期做好准备。在我国气候寒冷地区，种鸟11月至第二年2月自然停产。南方气温较高，种鸟11月至第二年1月自然停产。种鸟休产期要做好以下工作：

（1）为了保持种鸟体力更好地恢复，提高来年种鸟生产能力，在种鸟休产期间雌、雄分开饲养（根据具体情况决定分栏饲养雌、雄鸟的数量）。

（2）适当减少配合饲料用量，饲喂种鸟休产期饲料并注意精、粗、青饲料搭配合理。

（3）在休产期间同样要做好卫生管理，加强种鸟运动。

（4）安排好种鸟免疫接种、驱虫等工作。

76. 什么样的种鸟属于核心群种鸟？

核心群种鸟必须纯种，具有本品种明显的外貌特征。不同血缘，不同优良同质性状的雌、雄鸟，以一只雄鸟与两只雌鸟为一个家系。以每个家系产蛋率、受精率、育成率都高于种鸟群体，并具有较好的遗传能力的优秀组合，称为核心群种鸟。不同品种、不同优良性状的家系都可以进入核心群。

核心群种鸟只有不断提供具有优良性状的后代，才能充实和改良整个种群，提高鸵鸟群体的生产能力。

77. 怎么样建立种鸟核心群?

举例说明建立核心群的步骤:

(1) 以“种鸟标准”为依据，对本场的种鸟逐个进行外貌鉴定。达标者按标号顺序进行种鸟登记，没有标号的种鸟立即补上。暂时分栏饲养。

(2) 查阅已通过外貌鉴定的种鸟的年龄、血缘关系和近期(2～3年内)产蛋量、受精率等档案资料，按生产性能高低进行排序，并分别登记造册。从登记表中可了解到全场种鸟生产性能概况。为建立种鸟核心群提供可靠资料。

(3) 制定选留标准和核心群种鸟数量。

根据本场种鸟规模、种鸟生产性能的实际水平，参照我国种鸟标准，制定选留标准和确定核心群种鸟数量。一般核心群种鸟数量应为本场种鸟总数的10%～20%。

(4) 建立种鸟核心群。

以本场种鸟质量登记表为主要依据，挑选出若干个优秀个体，按不同血缘，不同优良同质性状的雌、雄鸟，以一只雄鸟与两只雌鸟组成若干个家系,每个家系饲养在不同种鸟栏中。家系数量应为4～10个。

(5) 建立核心群种鸟系谱档案。

根据每只种鸟历年来生产性能记录及该鸟相关资料编写系谱档案。

种鸟数量少的中、小型养殖场，可根据这个模式，将本场最好的鸟挑选出来建立临时核心群，经选育、提高扩群后，再按种鸟标准组建种鸟核心群。

78. 种鸟系谱档案包括哪些内容?

分别编制雌、雄鸟系谱档案，内容如下:

(1) 企业名称，法人代表，场址。

(2) 种鸟品种，标号，年龄，来源。

（3）配偶品种，标号，年龄，来源。

（4）种鸟体尺，体重，背长，胸宽，颈长，荐高，胫长，管围。

（5）历年来种鸟的生产性能记录（雌鸟的产蛋量，蛋的质量；雄鸟的受精率，雌鸟同胞鸟平均产蛋量等）。

（6）种鸟的双亲（父、母、祖父、祖母）的标号，来源，生产性能（雌鸟的产蛋量，雄鸟的受精率）。

（7）后代是否出现畸形或异常现象记录。

79. 种鸟为什么要一鸟、一号、一卡？

每只种鸟有一个专用号码，也就是种鸟的名称。一个专用卡，即是种鸟的系谱。专用号，专用卡终身不变。

每只种鸟的、一号、一卡，是种鸟最主要的管理档案。在生产中通过号、卡可以清楚地了解每一只种鸟的生产概况，为调整种鸟的最佳组合，对种鸟选种选配，培育良种，选留后备鸟，改善种鸟饲养管理，淘汰劣质鸟等措施，提供可靠的技术参数。

80. 为什么要建立种鸟淘汰机制？哪些鸟必须淘汰？

种鸟在饲养过程中因本身和外界因素的影响，个别种鸟如果达不到种用标准，会影响种群的生产性能稳定和提高。如果继续留用，种鸟的种质水平会不断下滑，种鸟的饲养成本也会逐渐提高，因此，必须建立种鸟淘汰机制，淘汰劣质鸟。

（1）雌鸟产蛋数量、雄鸟配种能力、受精率没有达到最低标准水平的种鸟应淘汰。

（2）外貌特征不符合种鸟标准的种鸟应淘汰。

（3）病程较长病鸟、没有种用价值的老鸟应淘汰。

81. 鸵鸟日粮为什么要配合饲料、粗饲料、青饲料合理搭配？

集约化饲养以来，鸵鸟的生长发育、繁殖功能等生命活动所需要的营养物质，失去了自由采食的机会，均依赖人类提供。根据饲料专家、营养专家对鸵鸟所需要营养物质和各类饲料营养成分等多方面研究，提出鸵鸟的日粮需要配合饲料、粗饲料、青饲料合理搭配，才能更好地满足鸵鸟生长发育、繁殖功能等营养需要的理论。

配合饲料是由蛋白质饲料、能量饲料、矿物质饲料、各类维生素、微量元素、磷、钙等组成。配合饲料是鸵鸟所需要营养物质的主要来源。

粗饲料品种繁多，包括各类牧草、农作物副产品、秧藤、秸秆、杂草等。有资料表明，粗纤维饲料在鸵鸟消化道发酵产生的挥发性脂肪酸，可以满足鸵鸟维持能量需要的76%。因此，粗饲料可以提供鸵鸟一部分营养物质。粗饲料也是填充饲料，具有促进胃肠健康、胃肠蠕动、食物消化、营养物质的吸收，使鸵鸟没有饥饿感，防止鸵鸟因饥饿而吃沙等功能。

青饲料新鲜、幼嫩、多汁，蛋白质含量高，钙、磷比例适宜。青饲料中的大量水分和和各种维生素直接参与机体各种酶和激素的生理活动，对雏鸟生长发育、性能稳定和种鸟生产性能的提高发挥积极作用。

因此，最理想的鸵鸟日粮必须是配合饲料、粗饲料、青饲料合理搭配。

82. 怎样选留后备鸟？

优良的后备种鸟，是提高下一代种鸟生产水平的基础。选留后备鸟必须依据系谱选择与个体选择相结合的方式进行。根据鸵鸟场的规模和生产需要确定后备鸟选留数量。

后备鸟总体要求：其父母来源清楚，有标号，外貌特征和生产力均符合种用标准，有比较详细的系谱资料。个体要求：头清秀，眼大而有神，颈粗细适中，不弯曲，外貌结构良好，肢势端正，长短适中，腿脚强壮有力，体躯长、宽、深，腰背类似龟背形，不弯曲，不过肥或过瘦，体尺、体重达到月龄标准；羽毛光洁、润泽，覆盖均匀；健康，活泼，性情温顺；雄鸟雄性强，生殖器发育正常。

选留后备鸟可分为五个阶段：

（1）查阅系谱资料 了解、记录预选后备鸟的双亲生产能力，确定在哪些家系中选留后备鸟。

（2）雏鸟阶段（3月龄以内） 除符合后备鸟总体要求外，雏鸟3月龄时标准体重介于19～20千克。注意不同家系雏鸟的选留比例。

雏鸟对环境要求比较高，适应能力比较弱，生长发育会有一定影响。因此，雏鸟阶段淘汰率比较高。一般为20%左右。

（3）幼鸟阶段（4～6月龄） 此阶段幼鸟生长速度最快。6月龄体重应达到52千克左右。注意选留健康、有活力、腿脚强健的幼鸟。此阶段可以对性别进行鉴别。雄鸟多留一些，因为对雄鸟的选择强度要高于雌鸟。这阶段的淘汰率通常为15%左右。

（4）青年鸟阶段（7～12月龄） 此阶段鸵鸟生长速度逐渐缓慢，12月龄体重在100千克左右，雄鸟体重在110千克左右。特别注意：外貌结构良好，肢势端正，雄鸟腿脚强健、性器官发育良好。此阶段的淘汰率约为5%。

（5）成鸟阶段 雌鸟一般2.5岁性成熟，开始产蛋。雄鸟要到3岁左右，开始发情、配种。此阶段特别注意：雄鸟的交配能力强，性欲旺盛，配种次数多，种蛋受精率达60%以上（经产雄鸟受精率达75%以上）。初产雌鸟产蛋数量为25枚以上/年（经产雌鸟产蛋数量为50枚以上/年），蛋质量好。此阶段淘汰率为5%左右。

入选的后备鸟要佩戴永久标号，建立系谱。

83. 怎样鉴别雏鸟的雌、雄？

鉴别雏鸟的雌、雄，最好在2周龄内进行。

（1）外形鉴别 主要根据同品种、同日龄雏鸟的外貌形态特征，以及触觉来区别雌、雄。雄雏在一般情况下头比较大，躯体健壮，腿、趾比较粗壮，骨架较硬，挣扎有力，活泼好动。雌雏在一般情况下头比较小，躯体比较窄，后躯较长，腿比较细短，骨架较软，挣扎力量小。外形鉴别雌、雄，需要有丰富的实践经验。

（2）翻肛鉴别 先将雏鸟腹部向上，头颈靠保定人员，用双腿夹住雏鸟，稳住。然后用手指在泄殖腔两侧挤压，迫使泄殖腔翻开。通过观察生殖突起的形态来判断雌、雄鸟。如果在泄殖腔壁见圆形锥状物突起，有精沟，而且饱满，便是阴茎，是雄鸟。如果在泄殖腔壁仅有一个粉红色、形态扁平、不饱满的小型突起，便是阴蒂，则是雌鸟。

(3) 6月龄以上的青年鸟性别鉴定 用触摸方法鉴别。将手指戴上消毒过的指套，擦上食用油，伸入泄殖腔，向左下方触摸。如果感觉腹壁上有一个长形硬物（阴茎），为雄鸟。在泄殖腔腹壁上感觉不到长形硬物，仅有较小、细软的突起即阴蒂，是雌鸟。

84. 怎样鉴定鸵鸟的年龄？

鸵鸟的年龄鉴定，目前还没有科学的方法，只能根据羽毛的变化及鸵鸟行为进行粗略的判断。

当鸵鸟1岁左右时，部分雄鸟的腿、喙开始发白。2岁时鸵鸟背部所有雏羽毛全部更换（雄鸟羽毛为黑色，雌鸟羽毛变为灰色）。颈、腹部大部分羽毛没有变化。雌鸟部分腹部白羽毛更换为淡褐色。开始有性行为。3岁时，雄、雌鸟腹部白羽毛分别全部更换成黑色羽毛，灰色羽毛。颈部羽毛变换成短枪毛。部分雄鸟喙，腿部开始变为红色。雄鸟开始有性行为。4岁以后，雌、雄鸟完全成熟。两腿趾变得更加粗壮。

85. 种鸟饲料配方包含哪些饲料元素？它们的比例是多少？

合理的配制种鸟饲料是保证种鸟营养物质需要的重要条件。饲料元素主要包括有玉米、豆粕、麦麸、草粉等，详见表4-2。

表4-2 种鸟饲料配方（%）

玉米	豆粕	菜粕	麸皮	草粉	碳酸氢钙	钙粉	盐	小苏打	赖氨酸	蛋氨酸	预混料
45	25	5	5.5	10	2.3	5	0.4	0.4	0.25	0.15	1

86. 种鸟的预混合饲料包含哪些维生素、微量元素？它们的比例是多少？

(1) 种鸟的维生素预混料的配方 主要包括有维生素A、维生素D_3、维生素E、维生素K_3等。详见表4-3。

表4-3 种鸟维生素需要量与添加量（每千克饲料含量）

	维生素A（国际单位）	维生素D_3（国际单位）	维生素E（国际单位）	维生素K_3（毫克）	维生素B_1（毫克）	维生素B_2（毫克）	维生素B_6（毫克）	维生素B_{12}（毫克）	维生素B_3（烟酸）（毫克）	维生素B_5（泛酸）（毫克）	维生素H（生物素）（毫克）	维生素B_{11}（叶酸）（毫克）	胆碱*（毫克）
需要量	12 000	3 000	30	3	3	9	6	0.1	60	18	0.2	1.5	1 000
添加量	24 000	6 000	60	4	5	14	8	0.2	90	20	0.4	2.5	1 000

注：500国际单位/毫克。* 饲料级胆碱50%粉剂。

(2) 种鸟的微量元素预混料配方 主要包括有铁、铜、锰、锌等，详见表4-4。

表4-4 种鸟微量元素需要量（每千克饲料含量）

元素名称	铁	铜	锰	锌	碘	硒	钴
混合物	硫酸亚铁	硫酸铜	硫酸锰	硫酸锌	碘化钾	亚硝酸钠	氯化钴
纯度（%）	98	98. 5	98	98	99	98	98
元素含量（%）	19.68	25.1	31.9	22.5	75.7	44.7	24.3
元素需要量（毫克）	160	20	120	90	1.0	0.3	0.5
商品原料量（毫克）	830	80.9	383.9	408.2	1.3	0.7	2.1

87. 育雏饲养人员如何选择？

选用优秀饲养人员是取得育雏成功的第一步。育雏工作有工作时间长，饲喂、饮水次数多，青饲料选择细致，日常卫生工作琐碎、严格，观察雏鸟的行为动态认真并做好记录等特点。因此，要选用热爱育雏工作、责任心强、工作细致、耐心勤劳、坚守岗位的优秀饲养人员上岗。

88. 雏鸟的生长发育有哪些特点?

(1) 生长速度快 非洲黑鸵鸟，雏鸟出壳时体重为0.8～1千克，到1月龄时体重可达4～5千克，为初生重的5～6倍。3月龄时可达22～25千克，为初生重的25～27倍。蓝颈或杂交后代（蓝颈雄鸟×黑颈雌鸟，红颈雄鸟×黑颈雌鸟）生长速度更快，3月龄时可达28～30千克。

(2) 体温调节能力较差 雏鸟的羽毛疏松，被毛短，呈针状，不成片，也没有绒毛。皮下缺乏脂肪，因此，保温能力差，同时雏鸟机体的调温机能不完善。刚出壳雏鸟既怕冷又怕热。因此，饲养环境温度要求严格，温度波动对雏鸟危害极大。

(3) 消化系统发育还不健全 雏鸟的消化系统发育不够完善，消化机能尚未完全形成，胃、肠的容积也小，对粗纤维消化能力也差，直到4月龄后消化机能才逐渐接近成年鸵鸟的消化能力。

(4) 免疫能力较差 雏鸟出壳后不久，母源抗体逐渐耗尽，而自身的免疫机能尚未建立起来。此时的雏鸟处于免疫断层期，对外界病原侵入的抵抗能力很差，管理不当，雏鸟容易发病。

89. 雏鸟最适宜的温度是多少?

刚出壳的雏鸟对外界的冷、热、风、雨气候变化都非常敏感，特别是低温更无法承受。育雏室最适宜的温度范围，详见表4-5。按不同日龄的雏鸟对育雏室温度需要，对育雏室温度进行设定，是保证雏鸟生长发育的先决条件。

表4-5 育雏培育温度范围

周龄	保温区温度（℃）	室内温度（℃）
0～1	35～30	26
2～3	33～28	26
3～4	31～26	24

（续）

周龄	保温区温度（℃）	室内温度（℃）
4～5	29～24	22
5～6	27～22	20
6～7	25～20	22
7～8	25～20	20
8～9	25～20	18
9～10	23～18	18

注：保温区温度是指育雏床上的温度。

90. 为什么必须诱导雏鸟采食？如何操作？

雏鸟出壳后，卵黄的营养物质只能提供雏鸟 5～7 天的营养需要。以后的生长发育要依靠饲料提供的营养物质。为使雏鸟逐渐适应从饲料中获得营养物质，出壳后 3 天内的雏鸟必须学会采食。

诱导采食方法很多，比如：将苦麦菜、苜蓿叶等幼嫩的青饲料切碎，放在很浅的食盆中，饲养人员轻轻敲打食盆引诱雏鸟采食；将切碎的青饲料，撒在白布单子上，吸引雏鸟采食；在雏鸟群中放 1～2 只日龄略大的雏鸟，带动小雏鸟采食，等等。一群雏鸟只要有一只鸟会采食，其他雏鸟很快就学会。采食是鸵鸟的本能，通常在 2～3 天内雏鸟都可以学会采食、饮水。

91. 雏鸟饲料配方包含哪些饲料元素？它们的比例是多少？

合理的配制雏鸟饲料是满足雏鸟各种营养物质需要，保证雏鸟生长发育的重要条件。雏鸟饲料配方设计请参照表 4-6。

表 4-6 雏鸟（0～3 月龄）饲料配方（%含量）

玉米	豆粕	花生粕	麦麸	鱼粉	碳酸氢钙	石粉	盐	预混料
51	25	5	8	4	3	1.5	1.5	1

92. 0～3月龄的雏鸟预混合饲料配方包含哪些维生素、微量元素？它们的比例是多少？

（1）雏鸟维生素预混料配方 主要包括有维生素A、维生素D_3、维生素E、维生素K_3等。详见表4-7。

表4-7 雏鸟（0～3月龄）维生素需要量与添加量（每千克饲料含量）

	维生素A（国际单位）	维生素D_3（国际单位）	维生素E（国际单位）	维生素K_3（毫克）	维生素B_1（毫克）	维生素B_2（毫克）	维生素B_6（毫克）	维生素B_{12}（毫克）	维生素B_3（烟酸）（毫克）	维生素B_5（泛酸）（毫克）	维生素H（生物素）（毫克）	维生素B_{11}（叶酸）（毫克）	胆碱*（毫克）
需要量	12 000	3 000	30	3	4	12	8	0.1	80	18	0.3	2	1 000
添加量	24 000	6 000	60	4	5	16	10	0.15	100	20	0.5	2.5	1 000

注：500国际单位/毫克。* 饲料级胆碱50%粉剂。

（2）雏鸟微量元素预混料配方 主要包括有铁、铜、锰、锌等详见表4-8。

表4-8 雏鸟（0～3月龄）微量元素需要量（每千克饲料含量）

元素名称	铁	铜	锰	锌	碘	硒	钴
混合物	硫酸亚铁	硫酸铜	硫酸锰	硫酸锌	碘化钾	亚硝酸钠	氯化钴
纯度（%）	98	98.5	98	98	99	98	98
元素含量（%）	19.68	25.1	31.9	22.5	75.7	44.7	24.3
元素需要量（毫克）	160	20	120	80	0.6	0.3	0.5
商品原料量（毫克）	830	80.9	383.9	362.8	0.8	0.7	2.1

93. 育雏日常管理工作从哪几个方面入手？

（1）随时检查和调控育雏环境的适宜温度，定时通风保持室内空气新鲜。

（2）观察雏鸟的采食、饮水、运动、排便等行为动态，发现异常，及时报告并填写好记录。

(3) 健康雏鸟精神饱满，合群性强，对外界刺激敏感。如果发现雏鸟精神呆板、颈部弯曲、离群等表现，说明雏鸟可能发病。

(4) 按体型大小、强弱分栏饲养，同一群雏鸟总会有大有小，有强有弱，应分栏饲养。加强对小、弱雏鸟的饲养管理，使它们逐渐强壮起来。如果不及时分栏，小、弱的雏鸟抢不到更多的食物，影响生长发育，日久天长，容易成为长不大的“小老鸟”。发育受阻的“小老鸟”饲养价值不高，也易发病，死亡率高。

(5) 严格执行防疫消毒制度。饲喂用具（食盆、水盆）应食后清洗，每日消毒。每天洗晒部分育雏床上用品，及时清理育雏室和运动场内粪尿，定期更换床上细沙，定期消毒。保持雏鸟饲养环境卫生、干燥。

(6) 加强雏鸟运动。雏鸟要有一定的运动空间，运动增强机体活力，促进骨骼健康。刚出壳的雏鸟在育雏床上也会跌跌撞撞地奔跑。5 日龄以后的雏鸟，在天气温和、有阳光、无风、室外温度在 30℃以上时，可在小运动场上自由活动，晒太阳，活动时间以 2 小时左右为宜。2 周龄内的雏鸟，在天气温和、室外温度 25℃以上、有阳光的时候，可在室外小运动场上运动、采食、饮水。4 周龄以上的雏鸟，在天气温和、无风的时候，可全天在小运动场上运动、晒太阳、沙浴和采食、饮水。晚上在育雏室休息。随着日龄的增大，户外活动时间随之增长。育雏应注意户外活动期间防止曝晒或雨淋。

(7) 按时接种新城疫、禽流感等传染病疫苗，提高雏鸟对特定传染病的特异性免疫能力。

94. 怎样饲喂雏鸟？

(1) 1 月龄以内的雏鸟 配合饲料、青饲料配比以 1∶(2～3) 为宜。青绿饲料可选用莴苣、苦麦菜、幼嫩苜蓿草等。青饲料切碎与配合饲料搅拌均匀后饲喂，少喂勤添，每日 4～8 次。

(2) 2 月龄以内的雏鸟 配合饲料、青饲料配比以 1∶1.2 为宜。青绿饲料可选用蔬菜叶、红薯藤叶、苜蓿、胡萝卜、胡萝卜叶等。青饲料切碎与配合饲料搅拌均匀后饲喂，少喂勤添，一次投料最好在

1～2 小时内吃完。每日 3～4 次。

(3) 3 月龄以内的雏鸟 配合饲料、青饲料配比以 1：（3～4）为宜。青绿饲料可选用苜蓿、红薯藤叶、胡萝卜、各种蔬菜下脚料。青饲料切碎与配合饲料搅拌均匀后饲喂，少喂勤添，一次投料最好在 1～2 小时内吃完。每日 3 次。

(4) 雏鸟饮水 保证雏鸟随时可以得到清洁的饮用水。

95. 为什么在雏鸟饲养过程中有时候要限饲？

因为雏鸟比较贪吃，过多的营养物质促使雏鸟各组织发育不平衡，肌肉生长速度过快，而骨骼生长速度慢于肌肉组织，时间长了，体重过重，会加重双腿的负担，当雏鸟承受不了时就会出现跗关节肿大、变形、弯曲等骨骼疾病。因此，对过胖、日增重超重的雏鸟要限饲，防止腿病的发生。下面推荐 0～3 月龄雏鸟增重及采食重量对照表，详见表 4-9。

表 4-9 （0～3 月龄）雏鸟增重及采食情况

（广州鸵鸟产业研究中心）

日龄	期末体重（千克）	平均日增重（克）	平均日采食量（克）	
			配合饲料	青饲料
出壳	0.9～1			
0～10	1.19	39	36	80
10～17	1.89	100	66	176
18～24	3.01	160	151	457
25～31	4.43	200	198	579
32～45	9.08	310	326	978
46～59	12.12	220	350	954
60～73	16.95	345	571	2 037
74～87	23.53	470	741	2 634

96. 雏鸟怎样转群最安全？

在整个育雏期，雏鸟要有 2～3 次转群。随着雏鸟日龄增长，体格日趋增大，对温度的适应能力、采食能力、运动量、饲养密度等都发生了变化。因此，要调换育雏室和运动场，同时也是为即将转入的小雏鸟腾空育雏室。转群时应注意以下几方面问题：

（1）新的育雏环境要清洁、消毒。检修电路、保温、通风等设施是否达到预定指标。

（2）确定转群路线。清除路面上的杂物（如铁钉、竹片、塑料袋等），防止因雏鸟应激，无目的地乱哆、误食地面杂物，造成胃肠疾患。

（3）转群在下午进行，由于下午至夜晚这段时间比较安静，有利于雏鸟适应新的环境。转群的当天下午和以后的1～2天，饲养人员不要离开雏鸟，使雏鸟有安全感，有利于消除应激反应和更快适应新的生存环境。

（4）在转群过程中，要温和引导雏鸟，防止暴力追赶、呐喊。雏鸟天性胆小，追赶、呐喊会使雏鸟产生应激，表现为惊恐、无目的地乱哆地面杂物、狂奔等，过度应激，会引起猝死。

（5）对转群后的雏鸟应及时补给幼嫩多汁青饲料和添加有抗应激药物的饮用水。

97. 什么样的雏鸟属于弱雏？对弱雏鸟“扶壮”应采取哪些措施？

刚出壳的雏鸟有卵黄吸收不良、腹部较大、脐带闭合不全、水肿比较严重、精神萎靡、呆板、体质弱、站立困难等症状，由于饲养管理不当，没有能及早“开食”，造成营养不良、体质瘦小等不良表现的雏鸟属于弱雏。对弱雏通过以下补救措施是可以“扶壮”的。

（1）对弱雏“扶壮”的总体要求，改善弱雏的生存环境。

育雏室、保温区温度适宜，空气新鲜，通风良好。床面垫料平坦、保温、干燥、卫生。青饲料幼嫩多汁。配合饲料营养丰富，易消化。运动场相对要小，5～10 米^2 为宜，沙地面或部分沙地面。光照充足（也有阴凉之处），食盆、水盆每天清洗、消毒。

（2）分小群饲养。

按日龄、弱雏体况、体格大小分小群饲养，（每群7～10只）。小群便于饲养人员观察、护理。

（3）防止腹部着凉。

弱雏最怕腹部着凉。着凉会影响卵黄正常吸收，导致弱雏营养缺乏，生长发育停滞，引发各种疾病。因此，育雏床必须保温、干燥。

（4）强制饮水，诱导开食。刚出壳的弱雏当天灌服（用注射器）10%的速补-14或葡萄糖溶液，每次5毫升，每天2次，连续2～3天。

选用雏鸟最爱吃的青饲料，切碎撒在白布单上，引诱雏鸟采食；在饲料中添加具有较强“诱食”“促食”作用的大蒜素，引诱弱雏采食。弱雏早一天能够进食，有利于弱雏“扶壮”。

（5）适量运动。

可以让弱雏在温度适宜、阳光温和的小运动场中自由活动、奔跑、晒太阳和砂浴，有利促进健康和骨骼正常生长。运动时间随日龄增加，循序渐进。弱雏在运动场时应严防曝晒或雨淋。小运动场中设有食盆、水盆，保证弱雏随时采食、饮水。

（6）搞好弱雏的治疗和免疫接种工作。

对患有脐带闭合不良或脐带炎的弱雏，每天涂抹碘酒、龙胆紫、消炎粉，同时灌服1～1.5单位的庆大霉素。卵黄吸收不全的弱雏，口服2片乳酶生，每天2次。弱雏在20日龄以前必须进行新城疫等传染病的免疫接种。

通过一段时间精心饲养，弱雏是可以“扶壮”的。

98. 火炕育雏对雏鸟有哪些好处？

（1）火炕可以提供雏鸟适宜的温度环境。火炕炕面温暖适宜，雏鸟卧地时，可保障使鸵鸟腹部不受凉，卵黄吸收好。

（2）炕面干燥，有利于雏鸟脐带收干，防止脐带炎的发生。

（3）在温暖的炕面上，雏鸟爱活动，食欲好，有利于雏鸟健康。

（4）在干燥的环境，不利于病源微生物生存与繁殖，病原体相对减少，从而减小了雏鸟感染发病概率。

99. 塑料暖棚运动场对育雏有什么好处?

(1) 育雏室与暖棚连接，改变了育雏面积相对狭小、育雏室空气污浊状况，从而改善了雏鸟生存环境。

(2) 雏鸟可较长时间在暖棚中采食、饮水、运动，从而减轻雏鸟饲养密度大产生的压力。

(3) 暖棚可延长雏鸟户外活动时间，满足了鸵鸟喜爱活动的习性。运动促进雏鸟食欲旺盛，体质健壮，活力增强。雏鸟体质健壮是日后鸵鸟正常生长发育的重要前提。

(4) 太阳辐射中的紫外线（紫外线所含的能量在太阳辐射中占1%～2%）可以穿透塑料膜，对棚内空气、地面和雏鸟身体表面的病菌有直接灭杀效应，大大减小雏鸟发病的概率。

太阳光中的紫外线可使雏鸟皮肤中的7-脱氢胆固醇转化为维生素D，有利于增强雏鸟体内钙的代谢，健壮雏鸟体质。

100. 什么是商品鸵鸟?

商品鸵鸟是用于生产肉、皮等产品的鸵鸟，是指育雏结束后至屠宰期间（14月龄左右）的鸵鸟。商品鸵鸟来源有两途径：一是利用杂交优势理论（F_1）生产的杂种，二是除被选入后备种鸟以外的雏鸟。

101. 怎样饲养商品鸵鸟经济效益最好?

按鸵鸟生长发育规律，饲养商品鸵鸟经济效益最好。饲养商品鸵鸟大体分三个阶段：

(1) 0～3月龄雏鸟阶段 此阶段代谢旺盛，生长速度最快，雏鸟出壳体重0.8～1千克，到1月龄时可长到4～6千克，为出壳重的5～6倍，3月龄时可达22～25千克，为出壳重的25～27倍。但消化能力弱，功能不健全。因此，雏鸟饲料应为全价、营养丰富、易消化的配合饲料和新鲜、幼嫩的青绿饲料。

(2) 4～6 月龄鸵鸟阶段 有资料表明：4～6 月龄鸟日增重最快，12 只试验鸟 6 月底称重，平均体重已达到 64 千克，平均日增重，为 467 克，达到最高峰。因此，4～6 月龄的鸵鸟，生长潜力很大，增重快，要充分饲喂。这阶段要提供优质配合饲料，幼嫩、品质好的青饲料，保证鸵鸟快速生长发育的营养需要。随着日龄的增大，饲粮中逐步增加优质草粉，增加粗纤维的含量，促进胃肠的发育，充分挖掘最大的生长潜力。饮水要清洁卫生。注意钙、磷适量，比例恰当，防止腿病发生。

(3) 6 月龄以上鸵鸟阶段 6 月龄以上鸵鸟有两个特点：一是生成速度开始下降；二是消化系统已发育完善，其消化功能、胃肠容积已达到成年鸵鸟水平。能消化、分解大量植物粗纤维。在此阶段应充分利用鸵鸟发达的胃肠功能，消化和吸收粗纤维素中营养物质的能力，在饲喂中，应按月龄逐步增加青、粗饲料的饲喂量，适当减少精料比例。

鸵鸟食性很广，各种牧草、农副产品、农作物秸秆、秧藤、蔬菜下脚料、野菜、杂草等都可以作为商品鸵鸟的青、粗饲料。

发达的肠、胃，能发酵、消化、分解大量植物粗纤维，从中吸取营养物质。因此，对 6 月龄以后的商品鸟要加大青、粗饲料的（包括青贮饲料）饲喂量，适量补充配合饲料（配合饲料中优质草粉比例适当增大），既能满足商品鸟的营养需要、保证生长发育正常，又可节约饲料，降低饲养成本。

102. 商品鸟饲养管理中需要注意哪几方面问题？

(1) 按不同生长发育阶段饲养商品鸟 商品鸟生长发育大体分三个阶段，按其不同生长发育阶段，投喂不同的配合饲料和青、粗饲料，既能满足商品鸟生长发育所需要的营养物质，生长速度快，又能合理地利用配合饲料和青、粗饲料，降低饲养成本，提高经济效益高。

(2) 按体型大小、强弱分栏饲养 一群雏鸟总会有大有小，有强有弱。应及时分栏饲养，加强对小、弱的雏鸟饲养管理，使它们逐渐强壮起来。如不及时分栏，小而弱的雏鸟抢不到更多的食物，影响生长发育，发育受阻，极容易成为长不大的小老鸟，即“僵鸟”。营养不良的小老鸟，易发病，死亡率也高。不注意这一小小技术管理措施，会造成很大的经济损失。

（3）认真观察鸵鸟的行为动态，对病鸵鸟早发现、早隔离、早治疗 鸵鸟虽然抗病能力强，发病率低，但在饲养管理不当时，鸵鸟也会发病、死亡。鸵鸟在发病初期，临床表现不明显，病鸟混在健康鸟群中，一起起卧，一起奔跑，一起觅食、饮水，不易被发现。通过仔细观察，早期病鸟与健康鸟群还是有区别的，如：早期病鸟起卧、奔跑总是被动的；精神欠佳，觅食、饮水时有假动作；假吃、假喝，食道里没有食团，也没有吞咽动作；粪、尿异常、稀少等。早期发现的病鸟还是可以治愈的。等到病鸟离群、羽毛蓬松、行动迟缓、不吃不喝、颈部无力直立、卧地不起时已到了无法医治的地步。因此，饲养人员每天都要认真观察鸵鸟的精神、运动、采食、饮水、排粪、排尿等是否有异常情况，做到对“病鸟”早发现、早隔离、早治疗，减少不必要的伤亡。

（4）饲养环境要相对安静 鸵鸟敏感，胆小。环境嘈杂，突如其来的高分贝的噪声，极容易干扰鸵鸟的正常生活，产生应激，影响鸵鸟的生成发育。鸵鸟因精神高度紧张，无目的奔跑，冲撞围栏，造成皮肤划伤或撕裂，严重影响皮张质量。

（5）重视消毒工作，讲究消毒方法 消毒可净化环境，灭杀或杀伤养殖环境中的病原微生物，使各种传播媒介无害化，防止鸵鸟传染病的发生、传播、蔓延。消毒是保护鸵鸟不受病原微生物侵害的主要技术措施之一。因此，要把消毒工作为鸵鸟场的日常工作安排好，不可忽视。

（6）随时检修围栏 围栏老化，木棍、竹条劈裂、折断露出尖角、刺头或捆绑围栏时外露的铁丝头等会划伤鸵鸟皮肤，影响皮张质量。因此，养殖场的工作人员要随时检修围栏，保护鸵鸟皮肤不受伤害，保障鸵鸟生皮质量好。

（7）饲养环境干燥，卫生 潮湿，卫生差，容易滋生羽虱、螨等外寄生虫。鸵鸟感染后，羽虱、螨在羽根、皮肤上寄生、繁衍。鸵鸟表现为皮肤瘙痒，羽毛脱落，背部、臀部裸露，皮肤粗糙等临床症状。鸵鸟因皮肤瘙痒互相啄痒，咬破皮肤，皮肤感染，愈合后留下疤痕。皮肤粗糙，有疤痕，严重影响皮张质量，降低生皮等级。

(8) 不要延误商品鸟屠宰时间 商品鸟的最佳屠宰时间为12～14月龄，体重一般为95千克左右。这个年龄段的商品鸟肉质鲜美，营养价值最高。皮的厚薄度最佳，质地柔软，皮张质量最好。商品鸟适时出栏，饲料报酬最高，经济效益最为理想。不要延长饲养时间(12～14月龄以后的鸵鸟，生长速度极为缓慢或基本停止)，增加饲养时间无疑会增加饲料、管理等费用。

103. 商品鸟饲料配方包含哪些饲料元素？它们的比例是多少？

商品鸟饲料配方主要包括有玉米、麦麸、草粉等。详见表4-10。

表4-10 商品鸟饲料配方（%）

玉米	次粉	菜粕	麸皮	草粉	碳酸氢钙	钙粉	盐	小苏打	赖氨酸	蛋氨酸	预混料
53	13	5	12	11	1.0	3	0.4	0.2	0.25	0.15	1

104. 商品鸟的预混合饲料包含哪些维生素、微量元素？它们的比例是多少？

商品鸟的预混合饲料中维生素配方主要包括有维生素A，维生素D_3，维生素E，维生素K_3等。详见表4-11。

表4-11 商品鸟维生素需要量与添加量（每千克饲料含量）

	维生素A（国际单位）	维生素D_3（国际单位）	维生素E（国际单位）	维生素K_3（毫克）	维生素B_2（毫克）	维生素B_6（毫克）	维生素B_{12}（毫克）	维生素B_3（烟酸）（毫克）	维生素B_5（泛酸）（毫克）	维生素H（生物素）（毫克）	维生素B_{11}（叶酸）（毫克）	胆碱*（毫克）
需要量	8 000	3 000	20	2	6	3	0.02	30	8	0.1	1	1 000
添加量	1 500	1 300	30	4	10	4	0.04	40	9	0.15	1.5	1 000

注：500国际单位/毫克。* 饲料级胆碱50%粉剂。

商品鸟的预混合饲料中微量元素配方主要包括有铁、铜、锰、锌等。详见表4-12。

表4-12　商品鸟微量元素需要量（每千克饲料含量）

元素名称	铁	铜	锰	锌	碘	硒	钴
混合物	硫酸亚铁	硫酸铜	硫酸锰	硫酸锌	碘化钾	亚硝酸钠	氯化钴
纯度（%）	98	98.5	98	98	99	98	98
元素含量（%）	19.68	25.1	31.9	22.5	75.7	44.7	24.3
元素需要量（毫克）	160	15	80	50	0.6	0.2	0.5
商品原料量（毫克）	830	60.7	225.9	226.8	0.8	0.5	2.1

五、鸵鸟饲料

105. 饲料可分为哪几种？

一般可分为两大类。一类按照饲料来源，分为植物性饲料、动物性饲料和矿物质饲料。另一类按照饲料特性和营养价值，分为能量饲料、蛋白质饲料、青饲料、青贮饲料、干贮饲料、矿物质饲料、维生素饲料和添加剂等。

106. 饲料中含有哪些营养成分？鸵鸟常用的饲料有哪几种？

饲料中一般含有水分、蛋白质、脂肪、碳水化合物、矿物质、维生素六大营养成分。鸵鸟常用的饲料有以下几种：

（1）蛋白质饲料 鱼粉，豆粕（饼），菜籽粕（饼），向日葵粕，花生饼，酵母粉等。

（2）能量饲料 玉米，小麦，大麦，小麦麸等。

（3）粗饲料 青干草，农作物的秧、藤、秸秆，食品加工业的副产品（酒糟、啤酒糟、豆渣）等。

（4）青饲料 黑麦草，象草，苜蓿草，胡萝卜，胡萝卜秧，饲料菜，蔬菜下脚料，野草、野菜等。

（5）青贮饲料 青贮胡萝卜秧，青贮红薯秧，青贮胡萝卜，青贮野草、野菜等。

（6）矿物质饲料 贝壳粉、骨粉，石粉，硫酸钾、硫酸镁等。

（7）饲料添加剂 可分为营养性添加剂和非营养性添加剂。营养性添加剂有维生素、微量元素、氨基酸等。非营养性添加剂有促生成剂、调味剂、防腐剂等。

107. 能量饲料包括哪几类？有什么特点？

能量饲料主要包括籽实类、糠麸类、块根及加工副产品。其特点：一是粗蛋白质含量低于20%，粗纤维含量低于18%。二是淀粉多、能量高、易消化。三是粗蛋白品质较差，赖氨酸、蛋氨酸、色氨酸等含量少。四是钙的成分少，磷的成分含量相对高些，但是磷往往以植酸盐的形式存在，有效利用率低。五是维生素E、维生素B_1含量较为丰富，维生素C、维生素D贫乏。

能量饲料主要成分是碳水化合物。碳水化合物进入体内经过一系列的转化变成能量，为鸵鸟各种生命活动提供热能。在鸵鸟的配合饲料中比例最大，一般为50%～70%。4月龄以前的鸵鸟胃肠道消化机能尚未发育健全，消化粗纤维的能力还很弱，在此期间，饲粮中能量饲料的比例较高。

108. 鸵鸟常用能量饲料有哪几种？它们的营养成分如何？

粮食作物中的玉米、大麦、小麦，以及麦麸米糠是鸵鸟主要的能量饲料来源。

(1) 玉米 号称饲料之王。玉米70%是淀粉，有效能量高，粗蛋白含量一般为7%～9%，必需氨基酸贫乏，钙、磷含量低。黄玉米含有较为丰富的维生素A。玉米是鸵鸟能量饲料的主要来源。营养成分详见表5-1。

(2) 小麦 小麦含淀粉、粗蛋白高于玉米，B族维生素含量较玉米高，矿物质含量一般高于禾本科其他作物，是鸵鸟的良好饲料。小麦营养成分详见表5-1。

(3) 大麦 含淀粉低于玉米，含非淀粉多糖较高，单胃动物不含消化非淀粉多糖的酶，饲粮中用量不当时会引起腹泻。粗蛋白含量高于玉米，B族维生素丰富。大麦的营养成分详见表5-1。

(4) 小麦麸 俗称麸皮，是小麦加工面粉后的副产品，占小麦总量的20%～25%。粗蛋白含量一般为12%～17%，无氮浸出物为

60%，含纤维素较高（占10%以上）。小麦麸中铁、锰、锌含量较为丰富，B族维生素丰富，钙含量少，磷多，钙、磷比例不平衡。小麦麸的营养成分详见表5-1。

（5）米糠 是水稻加工成大米的副产品，包括有稻壳、米糠。

稻壳是水稻的外壳，粗蛋白含量约占3%，纤维素含量高达40%，大部分为木质素，很难消化。

米糠是粗大米精加工时产出的种皮、外胚乳和糊粉层的混合物。米糠含粗蛋白约占13%，赖氨酸含量高。脂肪含量为10%～17%，多为不饱和脂肪酸。易氧化变酸，不能久存。钙含量少，磷多，钙、磷比例不平衡。B族维生素和维生素E丰富。米糠营养含量详见表5-1。

表5-1 几种能量饲料中养分百分含量（按干物质计%）

饲料名称	粗蛋白质	粗脂肪	粗灰分	粗纤维	无氮浸出物	磷	钙
玉米	8.6	4.4	1.7	1.3	83.7	0.3	0.1
小麦	14.6	2.3	2.0	2.4	78.7	0.48	0.06
大麦	11.7～14.2	2.1	3.1	5.6	77.5	0.48	0.05
小麦麸	15.7	3.9	4.7	6.5	56.0	0.11	0.92
米糠	12.8	16.5	7.5	5.7	44.5	0.07	1.47

109. 什么是蛋白质饲料？

蛋白质饲料分为植物性蛋白质饲料和动物性蛋白质饲料。植物性蛋白质饲料主要有：豆粕（饼）、向日葵粕、菜籽（粕）饼、花生饼等。动物性蛋白质饲料主要有：鱼粉、肉骨粉、血粉、羽毛粉等。

蛋白质是一种复杂的有机化合物，由各种氨基酸组成。鸵鸟采食饲料后，饲料中的蛋白质在胃肠道的蛋白酶作用下，分解为氨基酸，并进入血液循环参与体内代谢，合成鸵鸟体内蛋白质。体内蛋白质是构成鸵鸟机体各种组织的基本成分。例如：体内各种器官的组成和生长发育，精液的生成，卵子的形成，各种消化液、酶、激素的生成与分泌，修补各个组组织器官等，都需要蛋白质。

构成蛋白质的氨基酸有20多种，分为必需氨基酸和非必需氨基酸。必需氨基酸是指在鸵鸟机体不能合成，必须由饲料供给的氨基酸。其中包括有蛋氨酸、赖氨酸、胱氨酸、色氨酸等12种。非必需氨基酸是指在鸵鸟机体能够合成的氨基酸，如丝氨酸、丙氨酸等。鸵鸟饲料中缺乏必需氨基酸时，会影响生长发育、繁殖机能等。

110. 鸵鸟常用的植物性蛋白饲料有哪几种？它们的营养成分如何？

(1) 大豆饼（粕）**、豆**（饼）**粕**　粗蛋白含量高，一般为40%～50%，蛋白质质量好，必需氨基酸含量高，其中赖氨酸含量在饼粕类中最高。蛋氨酸不足。粗纤维含量较低。胆碱含量高。磷多（多为植酸磷，不易利用），钙少。适口性好。大豆饼（粕）营养成分详见表5-2。

(2) 向日葵仁饼（粕）　粗蛋白含量高，类同于大豆饼（粕），但由于脱壳程度不同，其营养价值高低有差异。向日葵外壳主要成分为木质素，难以消化。向日葵仁饼（粕）赖氨酸含量低，硫氨基酸含量丰富。矿物质中钙、磷含量高，但是磷多为植酸磷，不易吸收。微量元素中锌、铁、铜含量丰富，B族维生素、泛酸含量高。向日葵仁饼（粕）中含有少量的酚类化合物（绿原酸0.7%～0.82%），氧化后变黑，是饼（粕）色泽发暗的内因。绿原酸对胰蛋白酶、淀粉酶、脂肪酶有抑制作用，加胆碱可以消除绿原酸这种不利因素。向日葵仁饼（粕）营养成分详见表5-2。

(3) 花生仁饼（粕）　花生仁饼（粕）粗蛋白含量约占47%，氨基酸组成不平衡，赖氨酸、蛋氨酸含量偏低，精氨酸含量在所有植物性蛋白质饲料中最高，赖氨酸与精氨酸之比为100∶380以上。可与赖氨酸含量偏低的菜籽饼（粕）饲料配合使用。花生仁饼（粕）含有少量的胰蛋白酶抑制因子。花生仁饼（粕）易感染黄曲霉，产生黄曲霉毒素。花生仁饼（粕）营养成分详见表5-2。

表 5-2 常用植物性蛋白饲料的一般营养成分（%）

名　　称	粗蛋白质	粗脂肪	粗灰分	粗纤维	无氮浸出物	磷	钙
大豆饼（粕）	44.5	1.0	6.0	8.5	30.7	0.25	0.80
脱壳向日葵仁饼（粕）	41.8		6.8	13.0	39.0	0.30	1.21
花生仁饼（粕）（脱壳）	49.5	9.2	4.5	5.3	31.5	0.11	0.74

111. 鸵鸟常用的动物性蛋白饲料有哪几种？它们的营养成分如何？

（1）鱼粉 鱼粉蛋白质含量高，一般脱脂鱼粉粗蛋白质含量达60%以上，必需氨基酸含量高，组成合理。钙、磷丰富，比例适宜。微量元素碘、硒含量高。维生素 B_2、维生素 B_{12}、维生素 A、维生素 D、维生素 E 含量都丰富，所以鱼粉是一种优质蛋白质饲料。在雏鸟和种鸟饲粮中添加 2%～5%的鱼粉，有利于雏鸟生长和骨骼发育，也有利于提高种鸟的繁殖能力和种蛋品质。

（2）肉骨粉 肉骨粉粗蛋白质含量为 20%～50%，赖氨酸占1%～3%，含硫氨基酸占 3%～6%，维生素 B_1、烟酸、胆碱含量丰富。维生素 A、维生素 D 含量很少。钙、磷含量分别为 7%～10%，3.8%～5%。肉骨粉可以补充蛋白质含量低的鸵鸟饲料。常用肉骨粉或骨粉增加鸵鸟饲料中钙、磷的需要量。

（3）羽毛粉 羽毛粉中粗蛋白质含量很高，达80%～85%，含硫氨基酸丰富。在鸵鸟饲料中可以添加少量的羽毛粉补充蛋白饲料的不足和缓解鸵鸟硫胺素缺乏症。

112. 什么是氨基酸？以豆粕-玉米为日粮的饲料缺乏哪些氨基酸？

氨基酸是构成蛋白质的基本单位，饲料中的蛋白质并不能直接被鸵鸟吸收利用，而是在胃蛋白酶和胰蛋白酶的作用下，被分解成氨基酸之后吸收进入血液，输送到全身，组成机体各个器官。构成蛋白质的氨基酸有20多种，可分为必需氨基酸和非必需氨基酸两大类。必需氨基酸是鸵鸟机体不能合成的，必须由饲料供给的氨基酸。鸵鸟所需要的必需氨基酸有精氨酸、胱氨酸、组氨酸、异亮氨酸、胱氨酸、赖氨酸、蛋氨酸、苯丙氨酸、苏氨酸、色氨酸、酪氨酸、缬氨酸。

以豆粕-玉米为日粮的饲料主要缺乏赖氨酸、蛋氨酸、蛋氨酸+胱氨酸，在鸵鸟日粮中应适量添加。

113. 青绿饲料有哪些营养特性？

青绿饲料是指天然水分含量在60%以上的青绿牧草、饲料作物、野菜、树叶、根茎、瓜果类等。它们有以下共同特点：

(1) 水分含量大 陆生植物水分含量为60%～90%。水生植物水分含量为90%～95%。含干物质少，能值较低。

(2) 蛋白质含量高 一般禾本科牧草和菜类饲料的粗蛋白质含量为1.5%～3%，豆科牧草为3.2%～4.4%。若以按干物质计算，前者粗蛋白质含量为13%～15%，后者粗蛋白质含量为18%～24%。不仅如此，青绿饲料还含有各种必需氨基酸，其中赖氨酸、色氨酸含量较高。

(3) 粗纤维含量较低 幼嫩的青绿饲料含粗纤维较低、木质素低，无氮浸出物含量为40%～50%，随着植物的老化，粗纤维、木质素含量随之增加，一般来说，植物在抽穗前或开花期粗纤维含量较低，饲用价值高。

(4) 钙、磷比例适宜 比如，温带草地牧草的钙含量为0.25%～0.5%，磷为0.2%～0.35%，比例适宜。豆科牧草含钙更高。此外，青绿饲料还含有丰富的铁、锰、锌、铜等微量元素。

(5) 维生素含量丰富 青绿饲料是鸵鸟所需维生素最好的来源，如每千克胡萝卜含50～80毫克胡萝卜素。此外，青绿饲料中B族维生素和维生素C、维生素E、维生素K含量也很丰富。

另外，青绿饲料幼嫩、柔软、多汁，适口性好，青绿饲料还含有各种酶和激素，有利于鸵鸟对饲料的消化、吸收。在鸵鸟饲粮中添加足量的青绿饲料，对雏鸟生长发育、稳定和提高种鸟的生产性能非常有作用。

(6) 青绿饲料生长阶段不同其营养价值也不同 幼嫩时期水分含

量高，干物质中粗纤维含量较少而蛋白质含量较高，消化率高。随着植物生长期的延长，粗蛋白质等营养物质含量逐渐降低，而粗纤维、木质素的含量则逐渐上升，致使营养价值、适口性和消化率都逐渐下降。因此，适时收割，既要考虑青绿饲料产量，又要选择青绿饲料营养最佳生长阶段收割。

（7）土壤与土壤中养分与含量，制约青绿饲料的营养价值 肥沃和结构良好的土壤，青绿饲料的营养价值较高，反之，在贫瘠和结构差的土地上收获的青绿饲料的营养价值低。

青绿饲料中一些矿物质和微量元素的含量在很大程度上受土壤中元素含量与活性的影响。例如：泥炭土、沼泽地中的钙和磷比较缺乏，植物中的钙、磷含量低；石灰质土壤中的植物对锰、钴吸收不良，致使植物缺锰、钴；我国内陆山区和西北地区土壤中缺碘，东北克山地区缺硒，致使该地区的植物中分别缺少碘和硒。

114. 鸵鸟喜欢吃哪些青绿饲料？它们的营养成分如何？

（1）紫花苜蓿 紫花苜蓿含有丰富的蛋白质、矿物质、维生素等营养成分。初花期至盛花期的蛋白质含量为17%～20%，品质好，含有各种必需氨基酸。紫花苜蓿的胡萝卜素，维生素C、维生素E、维生素K含量也较高。还含有钙、磷、铁、铜、锰、锌、钴、硒等矿物质和微量元素。同时，易消化，其蛋白质中可分解的部分占80%～90%，可溶性部分（无氮浸出物）占55%～65%，是鸵鸟特别是雏鸟很好的青饲料品种之一，是名副其实的“牧草之王”。详见表5-3。

表5-3 紫花苜蓿的营养分析（干物质%）

生长阶段	粗蛋白质	粗脂肪	粗灰分	无氮浸出物	粗纤维
营养生长期	26.1	4.5	10.0	42.2	17.2
花前期	22.1	3.6	9.6	41.2	23.6
初花期	20.5	3.1	9.3	41.3	25.8
1/2盛花期	18.2	3.6	8.2	41.5	28.5
花后期	12.3	2.4	7.5	37.2	40.6

（2）大白菜、甘蓝等蔬菜下脚料　在蔬菜旺季，大量白菜帮、甘蓝叶等都可以作为鸵鸟的青饲料。它们适口性好，有一定的营养价值，好消化，吸收率高。详见表5-4。

表5-4　大白菜、甘蓝营养分析（%）

	干物质	占干物质			
		粗蛋白	粗纤维	钙	磷
大白菜	0.6	1.4	0.5	0.03	0.04
	100.0	23.3	8.3	0.5	0.67
甘蓝	12.0	2.6	1.3	0.13	0.07
	100	21.7	10.8	10.80	0.58

（3）象草　产量高，营养丰富，适口性好，一般每公顷产鲜草75 000～150 000千克，是多年生牧草品种，是我国南方各省饲养鸵鸟的理想青饲料。详见表5-5。

表5-5　象草不同收割期的营养分析（%）

	干物质	占干物质				
		粗脂肪	粗灰分	无氮浸出物	粗纤维	乙醚浸出物
花前期鲜草	25.0	7.2	12.4	43.3	36.1	1.0
成熟期干草	100	7.5	11.7	39.1	40.3	1.4
广西干草（干象草）	100	10.6	9.6	44.7	33.1	2.0

（4）黑麦草　茎、叶柔嫩光滑，适口性好，营养丰富，开花前期的营养价值最高。详见表5-6。

表5-6　黑麦草收割期的营养分析（干物质%）

刈割期	粗蛋白质	粗脂肪	粗灰分	无氮浸出物	粗纤维	木质素
叶丛期	18.6	3.8	8.1	48.4	21.1	3.6
花前期	15.3	3.1	8.5	48.3	24.8	4.8
开花期	13.8	13.8	7.8	49.6	25.8	5.5
结实期	9.8	2.5	5.7	50.9	31.2	7.5

（5）苦麦菜　苦麦菜是菊科莴苣属，一年生或越冬草本植物。苦麦菜喜温且抗寒，再生能力强，生长快，营养价值高，易消化，吸收

率高，适口性好，在北方地区，一年收割3～5次，南方一年收割6～8次，每公顷产鲜菜75 000～112 500千克是雏鸟很好的青饲料品种之一。详见表5-7。

表5-7 苦麦菜营养分析（%）

	水分	占干物质				
		粗蛋白质	粗脂肪	灰分	粗纤维	无氮浸出物
鲜草	89.0	2.6	1.70	1.90	1.6	3.2
干草	0.0	23.63	15.53	17.30	14.53	29.01

115. 鸵鸟喜欢吃哪些野菜？它们的营养成分如何？

野菜共同的特点：分布广，生命力强，只要有土壤，地面潮湿，都会自然生长着许多不同品种的野菜。野菜多汁，适口性好，营养价值很高，不少野菜还有一定药用价值。

（1）蒲公英 生长在草甸、河滩、荒地、路边、田间、果园，为一般性杂草。根据《非粮型饲料高效生产技术丛书》的介绍：西宁地区100克花期蒲公英，含干物质22.6%，粗蛋白3.0%，钙0.42%，磷0.07%。幼苗、花前期全株都可食用，还有一定清热解毒作用。

（2）苋菜 常见品种有千穗谷、绿穗苋、野苋等。苋菜适应性很强，分布很广，在瘠薄土壤、沙地及盐碱地均能生长。常生长在路边、撂荒地、房前屋后、农田、果园、农作物区。

苋菜幼苗、花前期全株都可食用，苋菜的再生枝叶能力很强，幼枝、嫩叶采摘后，新枝叶很快再生，利用价值很高。由于它营养价值高，口感好，没有怪味，是鸵鸟较好的青饲料。

据《非粮型饲料高效生产技术丛书》介绍：江西兴国地区100克现蕾期野生苋菜，含干物质12.0%，粗蛋白3.8%，钙0.29%，磷0.04%。

（3）马齿苋 只要有土壤的地方，马齿苋就可以生根发芽。肥沃土地如蔬菜地、棉田、果园等处马齿苋生长茂盛，是主要杂草之一。

马齿苋全株光滑无毛，匍匐茎，带暗红色，茎、叶肉质肥厚单叶，叶扁平，楔形或接近长圆形，互生或对生，花为两性小黄花，单生或簇生于枝端。

马齿苋粗纤维含量低，营养价值高，口感好。哈尔滨地区 100 克马齿苋幼苗含干物质 10%，粗蛋白 2.1%，钙 0.24%，磷 0.04%。马齿苋还有清热解毒之功效，是雏鸟较好的青饲料。

（4）路边菊 属于多年生草本植物，是南方主要杂草品种之一，分布在广东、广西、福建、云南等省、自治区，是野菜中生命力、繁殖力极强的品种之一。在 10～40℃都可生长，潮湿的环境生长更旺盛。路边菊的营养价值较高，100 克含粗蛋白 2.4%，钙 0.67%，磷 0.38%。路边菊枝、茎、叶有特别的芳香味，与其他青饲料、精料混合饲喂，效果很好。

野菜营养价值详见表 5-8。

表 5-8 常见的几种野菜营养成分

野菜（100g）	干物质（%）	粗蛋白（%）	粗纤维（%）	钙（%）	磷（%）	产品说明
苦麦菜	15.0	4.0	1.5	0.28	0.05	黑龙江，幼嫩
蒲公英	22.6	3.0	4.7	0.48	0.07	西宁，花期
苋菜	12.0	3.8	1.4	0.29	0.04	江西兴国，叶
马齿苋	10	2.1	1.1	0.24	0.04	哈尔滨，幼苗
灰菜	18.3	4.1	2.9	0.34	0.07	12 个样品平均值
路边菊	—	2.4	—	0.6	0.38	广东
毛苕子	14.8	3.53.3	3.8	—	—	四川
千牛花	15.2	3.5	2.8	0.31	0.03	吉林，花期
扫帚苗	24. 3	4. 2	4. 8	0.33	0.08	甘肃
猪毛菜	15.0	3.3	1.9	0.48	0.05	5 个样品平均值
水葫芦	7.3	1.4	1.3	0.11	0.03	11 个样品平均值

116. 胡萝卜是鸵鸟常用多汁饲料，它的营养成分如何？

胡萝卜不仅是优良的蔬菜品种，也是鸵鸟冬、春季节主要的多汁饲料。它适口性好，消化率高，营养丰富，大部分营养物质是无氮浸出物，含有蔗糖和果糖，具有甜味，矿物质、维生素含量也高。在冬、春季节种鸟青饲料短缺时，增加胡萝卜，可以补充饲粮中维生素A的不足，有利于种鸟提早发情、配种、产蛋，有利于鸵鸟蛋的品质提高和鸵鸟孵化率的提高。雏鸟日粮中增加胡萝卜，有利于其正常生长发育。

胡萝卜有红、黄、橙三个颜色品种，饲用的以红色和黄色胡萝卜为好。

胡萝卜收获后，要仓储，防止水分和营养物质流失。胡萝卜的营养价值分析详见表5-9和表5-10。

表5-9 胡萝卜的营养成分（%）

状态	干物质	粗蛋白质	粗脂肪	粗灰分	无氮浸出物	粗纤维
绝干	100	23.9	1.4	11.3	47.9	15.5
新鲜	7.1	1.7	0.1	0.8	3.4	1.1

表5-10 胡萝卜的维生素、微量元素含量（%）

胡萝卜素（mg/kg）	维生素A（IU/kg）	硫胺素（mg/kg）	核黄素（mg/kg）	尼克酸（mg/kg）	泛酸（mg/kg）	铁（mg/kg）	锰（mg/kg）	铜（mg/kg）	锌（mg/kg）	钙（mg/kg）	磷（mg/kg）
105.6	176.368	0.6	14.6	0.2	0.2	6.00	14..30	6.40	17.00	1.446	0.56

117. 仓储胡萝卜窖的结构是怎样的？

应选择地势最高、地下水位较低、坚实的土坡或平地做仓储胡萝卜窖。仓储胡萝卜窖可分为地下窖和半地下窖两种。

（1）地下窖 长方形地下窖便于操作，以砖结构或水泥结构最好。地下窖要求四壁光滑、垂直，高出地面0.3～0.5米，窖底平坦，并垫有木制隔板。参考尺寸为：长8～10米，宽3～4米，深2～2.5米。窖顶为拱形结构（窖顶材料：筋、竹条、木棍、厚塑料布等），封闭严格，有一定的保温、防漏措施。在窖顶部一端或中间设排气孔，有利于进行气体交换。窖内一角要有斜坡或者梯子，作为上、下通道，方便存贮或提取胡萝卜。地下窖的四周要有良好的排水系统，防止雨水渗漏到窖内。

(2) 半地下窖 窖的四壁高出地面0.3～0.5米，其他与地下窖结构相同。

118. 怎样进行仓储胡萝卜？

(1) 在秋季起获胡萝卜后，就地将胡萝卜装入网状编织袋，每袋重25～30千克，在自然状态下风干1～2天，使其散发一些水分，此时防止雨淋、受冻。

(2) 入窖。入窖前在窖底垫好隔板，码放时要留有间隔、通道，每码2～3层横向放2～3条竹棍或木棍，有利于袋与袋、层与层之间通风。

(3) 装满后封顶，窖顶为拱形结构，用保温、防雨的材料加封。

(4) 检验。要定期下窖检查，利用窖顶的排气孔调节窖内的温度、湿度。窖内温度控制在5℃以下，湿度控制在80%左右。这样，胡萝卜保持新鲜、多汁、不变质。营养物质、维生素含量损失较小。

(5) 在冬、春季节种鸟青饲料短缺时，可开窖利用，注意胡萝卜提出后，封好窖口。

119. 鸵鸟常用的粗饲料有哪几种？其营养成分如何？

鸵鸟常用的粗饲料品种有：紫花苜蓿草粉，花生藤，大豆秸，甘薯藤，葵花盘等。它们的营养成分见表5-11。

表5-11 几种粗饲料的营养价值分析（%）

饲料名称	粗蛋白	可消化粗蛋白	粗纤维	钙	磷	来源
紫花苜蓿草粉	18.33	12.95	38.72	1.69	0.31	北京
花生藤	14.33	9.32	24.59	0.13	0.01	北京
大豆秸	5.1～9.8	—	48～54.0	1.33	0.22	—
晒干甘薯藤	25.37	9.04	22.95	1.64	0.13	广东
葵花盘	4.85	2.91	19.45	0.97	0.1	广东

（续）

饲料名称	粗蛋白	可消化粗蛋白	粗纤维	钙	磷	来源
甘薯藤（鲜）	2.2	—	2.6	0.22	0.07	—
萝卜秧	2.4	—	1.1	0.18	0.03	—

120. 怎么样保存草粉、草颗粒？

（1）草粉、草颗粒保存环境 草粉、草颗粒属于粉碎性饲料，含水量高于18%时，容易吸潮、结块，发热，微生物及害虫乘机侵入和繁殖，消耗营养物质，严重时会发霉、变质、变色，失去饲用价值。因此，保存草粉、草颗粒的库房要有干燥、凉爽、避光、通风，防火、防潮等措施。

（2）草粉、草颗粒存放方法 使用厚的牛皮纸袋、塑料编织袋包装草粉、草饼、草颗粒可防潮。每袋重量50千克便于贮藏、搬运和饲喂。贮藏时饲料袋码放合理，库房四周留有空间，几层饲料袋之间要有通风道，有利于层与层，袋与袋之间通风，防止草粉受潮。

（3）防止草粉、草颗粒营养流失 草粉、草颗粒久存会影响质量，营养损失多。

粗饲料干燥，加工成草粉、草颗粒过程中，总的营养物质损失20%～30%，可消化蛋白质损失30%左右，维生素损失50%以上。在储存过程中，营养损失在原基础上再增加，储存时间越长，营养损失越多。试验证明：在常温条件下储存9个月后，胡萝卜素损失80%～85%，维生素B_1损失41%～51%，维生素B_2损失80%以上，粗蛋白质损失14%左右。因此，鸵鸟养殖场要分批购买草粉、草颗粒。不要在养殖场内久存。

121. 如何制作胡萝卜秧与红薯藤混合青贮？

（1）青贮窖四壁光滑、垂直，高出地面0.3～0.5米，深2～2.5

米。窖底平坦。

（2）在胡萝卜、红薯收获前2～3天，先将秧、藤收割，风干2～3天，当胡萝卜秧和红薯藤水量含量在70%左右时（经验做法是：用手抓一把切碎原料，用力攥紧，手湿了，但没有水滴流出为好），制作青贮比较适宜。

（3）利用切割机将胡萝卜秧和红薯藤切碎，要求碎段长度为2～3厘米。切碎后的胡萝卜秧和红薯藤混合均匀后入窖，原料摊平，层层压实，这是青贮过程中的关键环节。为了排出氧气，促使乳酸菌、丙酸菌在厌氧环境中生长、繁殖，必须将粉碎的原料压实，排出窖内、原料间的氧气。注意周边或四角的压实，压实标准为，人踏在青贮表面上，不会留下很深的脚窝。原料装满后，停留一天左右，待原料自然下沉，再补充填满，并高出窖面，进一步压实，原料高出窖面呈长圆形，便可封顶。先用塑料布将原料盖严，在塑料布上均匀铺上10厘米厚的干草、麦秸，再压上20厘米厚泥巴抹平，压实，形成馒头状，以利于排水。

（4）随时检查，修补窖顶的落缝或塌陷。

（5）2个月后就可以开窖饲喂鸵鸟。好的青贮色泽青绿，有水果酸味。青贮可以保存半年至一年。

122. 为什么青贮可以使原料保鲜、不会腐败变质？营养流失少？

青贮过程实际上是微生物竞争、变化的过程。最终厌氧的乳酸菌产生乳酸，使原料酸度降低，从而抑制了各种微生物活动，达到了原料保鲜，不变质、不腐败，营养流失少的目的。有资料表明：新鲜的青、粗饲料，多汁饲料制作成青贮，经过微生物发酵作用，还能保持新鲜多汁、易消化、适口性好的特点，同时青贮具有芬芳气味，促进鸵鸟食欲，更重要的是，青贮能够保存青绿饲料的营养养分，营养物质损失率为3%～10%，而一般青绿植物晒干之后，营养物质损失率为30%～50%。

青贮饲料生物学变化，大体分两个阶段：

（1）植物细胞呼吸阶段 青贮原料前三天，植物细胞并未死亡，仍能利用窖内、饲料间残留的氧气进行呼吸，消耗植物养分，当窖内氧气耗尽，形成厌氧环境，植物细胞死亡，好氧菌活动也随着减弱或停止。有效的保存原料的营养。

（2）微生物竞争阶段 青贮原料本身带有多种菌类，在发酵过程中，厌氧菌（乳酸菌）在无氧环境中开始迅速增长，并产生大量乳酸，从而抑制了各种微生物（如腐败菌）活动而使它们死亡。最后，随着乳酸菌所产生的乳酸不断积累，乳酸菌也停止了活动。在这种环境下，青贮不会腐败变质，可较长时间保存青绿饲料的品质。

123. 怎样鉴定青贮饲料品质？

（1）色泽 优质青贮饲料与原料颜色类似，品质好的青贮饲料多呈青绿色或黄绿色。黄褐色、土绿色为中等。褐色或褐黑色为劣等。

（2）气味 青贮具有浓郁的水果酸味。pH 4～4.5 为优等。pH 4.5～5 为中等。略有臭味，霉烂味，pH 5 以上为劣等。

（3）质地 结构松散、柔软、湿润、茎叶保持原状，手攥后，会在手上留下少量水分，手松开后，会自然散开者为优等。黏结成团，烂泥样为劣等。

124. 用豆腐渣喂鸵鸟时，应注意哪些问题？豆腐渣营养成分如何？

（1）不能生喂 生豆腐渣中含有抗胰蛋白酶，阻碍鸵鸟体内蛋白质的消化、吸收。

（2）喂量不宜过大 豆腐渣中含有丰富的可消化蛋白，如果喂量过大，会引起鸵鸟腹泻等消化障碍。干燥后的豆腐渣可作为配合饲料原料，占鸵鸟饲粮的3%～5%，青年鸟用量5%～10%。

（3）豆腐渣饲喂方法 豆腐渣属于蛋白饲料，能量缺乏，维生素、矿物质含量很少，不要单喂，必须与含淀粉较多的能量饲料（如玉米等）、维生素、矿物质等配合使用。

冰冻的鲜豆腐渣不能直接喂鸵鸟。喂冰冻饲料，会引起鸵鸟胃肠应激，引起胃肠机能紊乱。

(4) 防止腐败豆腐渣中毒 鲜豆腐渣含水分高，必须尽快利用，久存容易发酸变质，酸败豆腐渣含有霉菌、腐败菌等，饲喂酸败豆腐渣会引发中毒。

豆腐渣是很好的蛋白饲料，可消化蛋白占干物质的 28.4%，其营养成分详见表 5-12。

表 5-12 豆腐渣的营养成分（占干物质%）

粗蛋白质	可消化蛋白	粗脂肪	粗纤维	钙	磷
33.5	28.4	10	14.0	0.60	0.06

125. 鸵鸟需要哪些矿物质元素？它们存在哪些化合物中？

矿物质元素分两大类：常量元素和微量元素，它们均以化合物的形式存在于自然界。鸵鸟需要微量元素量很少，但又不能缺乏或过量，任何一种微量元素超量都会引起鸵鸟中毒。

鸵鸟常用的常量元素（钙、磷、钠、硫、镁等）的化合物有：

(1) 钙 常用的钙化合物有石粉、贝壳粉、蛋壳粉、石膏、碳酸钙、碳酸氢钙、骨粉等。

(2) 磷 常用的磷化合物有磷酸氢钙、骨粉等。

(3) 钠 常用的钠化合物有食盐、碳酸氢钠（小苏打）、硫酸钠（芒硝）。

(4) 硫 常用的硫化合物有硫酸钠、硫酸钾、硫酸钙、硫酸镁等。蛋白质饲料中的蛋氨酸、胱氨酸也是硫的来源。

(5) 镁 常用的镁化合物有氧化镁、硫酸镁、碳酸镁等。

鸵鸟常用的微量元素（铁、锌、铜、锰、碘、钴、硒等）的化合物有：

(1) 铁 硫酸亚铁等。

(2) 锌 硫酸锌等。

(3) 铜 硫酸铜等。

（4）锰　硫酸锰等。

（5）碘　碘化钾等。

（6）钴　氯化钴等。

（7）硒　亚硒酸盐等。

126. 如何计算鸵鸟需要的各种微量元素化合物用量？

不同年龄段的鸵鸟需要的各种微量元素量不同，又因化合物含元素量、纯度不同，需要进行简单的折算，添加量才准确。

计算方法：

微量元素化合物用量＝某微量元素需要量÷元素含量÷商品原料纯度。如：种鸟铁元素的需要量为 160 毫克/千克，利用硫酸亚铁原料来满足种鸟铁元素的需要量，硫酸亚铁元素含量为 19.68%，纯度为 98%，则种鸟硫酸亚铁化合物用量＝160÷19.68%÷98%＝830（毫克/千克）。

不同年龄段的鸵鸟需要的各种微量元素化合物用量，详见表 5-13。

表 5-13　鸵鸟微量元素标准及化合物需要量

元素名称		铁	铜	锰	锌	碘	硒	钴
化合物名称		硫酸亚铁	硫酸铜	硫酸锰	硫酸锌	碘化钾	亚硒酸盐	氯化钴
纯度（%）		98	98.5	98	98	99	98	98
元素含量（%）		19.69	25.1	31.9	22.5	75.7	44.7	24.3
0～6 月龄	元素标准（毫克/千克）	160	20	120	80	0.6	0.3	0.5
	化合物用量（毫克/千克）	830	80.9	383.9	362.81	0.80	0.68	2.09
6 月龄以上	元素标准（毫克/千克）	160	15	80	50	0.6	0.2	0.5
	化合物用量（毫克/千克）	830	60.67	255.9	226.8	0.80	0.46	2.09
种鸟	元素标准（毫克/千克）	160	20	120	90	1.0	0.3	0.5
	化合物用量（毫克/千克）	830	80.9	383.9	408.16	1.33	0.68	2.09

127. 维生素对鸵鸟有什么作用？鸵鸟必需的维生素有哪几种？

维生素是维持机体生命活动必不可少的活性物质，鸵鸟的正常生长发育，种鸟发情、配种、产蛋等一系列繁育功能都与维生素在机体内所起的作用分不开。当维生素供应不足时，会引发新陈代谢紊乱，严重时则导致缺乏症状。

维生素有 30 多种，分两大类：一类是溶于脂肪才能被鸵鸟机体吸收的称脂溶性维生素，包括维生素 A、维生素 D、维生素 E、维生素 K；另一类是溶于水才能被鸵鸟机体吸收的称水溶性维生素，包括 B 族维生素和维生素 C。

对鸵鸟正常生长发育和繁殖有影响的维生素有 12 种，维生素 A、维生素 D_3、维生素 E、维生素 K_3、维生素 B_1、维生素 B_2、维生素 B_6、维生素 B_{12}、烟酸、泛酸、生物素、叶酸。

128. 鸵鸟对各种维生素的需要量和添加量是如何确定的？

根据我国饲养鸵鸟的实践经验和维生素特性不同，不同饲养阶段的鸵鸟对维生素的需要量与添加量不同，而这个差异也不是一成不变的，应根据鸵鸟体质状况、环境因素等随时调整添加量。通常情况下我国鸵鸟采用的维生素需要量与添加量详见表 5-14。

表 5-14 我国鸵鸟维生素需要量与添加量（每千克含量）

维生素	0～6 月龄		6 月龄以上		产蛋鸟	
	需要量	添加量	需要量	添加量	需要量	添加量
维生素 A（国际单位）	12 000	24 000	8 000	16 000	12 000	24 000
维生素 D_3（国际单位）	3 000	6 000	1 500	1 300	3 000	6 000
维生素 E（毫克）	30	60	10	20	30	60
维生素 K（毫克）	3	4	2	3	3	4
维生素 B_1（毫克）	4	4	2	4	3	5

（续）

维生素	0～6月龄		6月龄以上		产蛋鸟	
	需要量	添加量	需要量	添加量	需要量	添加量
维生素 B_2（毫克）	12	16	6	10	9	14
维生素 B_6（毫克）	8	10	3	4	6	8
维生素 B_{12}（毫克）	0.1	0.15	0.02	0.04	0.1	0.15
烟酸（毫克）	80	100	30	40	60	90
泛酸（毫克）	18	20	8	9	18	20
生物素（毫克）	0.3	0.5	0.10	0.15	0.2	0.4
叶酸（毫克）	2	2.5	1	1.5	1.5	2.5

129. 如何计算鸵鸟需要的各种维生素原料用量？

维生素原料用量的计算公式：饲料维生素原料用量＝添加量÷原料有效成分含量。

以产蛋鸟为例，计算每千克饲料维生素原料用量的计算方式：

产蛋鸟维生素 A 原料用量＝24 000÷500＝48 毫克。产蛋鸟需要的其他维生素原料用量，详见表 5-15。

表 5-15　产蛋鸟维生素原料用量（每千克饲料含量）

维生素	每千克饲料含量		原料中有效成分含量	每千克饲料维生素原料用量（毫克）
	需要量	添加量		
维生素 A（国际单位）	12 000	24 000	500 国际单位/毫克	48
维生素 D_3（国际单位）	3 000	6 000	500 国际单位/毫克	12
维生素 E（毫克）	30	60	50%	120
维生素 K_3（毫克）	3	4	94%	4.3
维生素 B_1（毫克）	3	5	98%	5.1
维生素 B_2（毫克）	9	14	99%	14.1
维生素 B_6（毫克）	6	8	96%	8.2

（续）

维生素	每千克饲料含量		原料中有效成分含量	每千克饲料维生素原料用量（毫克）
	需要量	添加量		
维生素 B_{12}（毫克）	0.1	0.2	1%	15
烟酸（毫克）	60	90	98%	91.8
泛酸（毫克）	18	20	98%	20.4
生物素（毫克）	0.2	0.4	2%	20
叶酸（毫克）	1.5	2.5	97%	2.6
各种维生素合计(毫克)				361.5

根据每千克饲料维生素原料用量的计算方式，可以计算出各年龄段的鸵鸟需要的各种维生素原料用量。

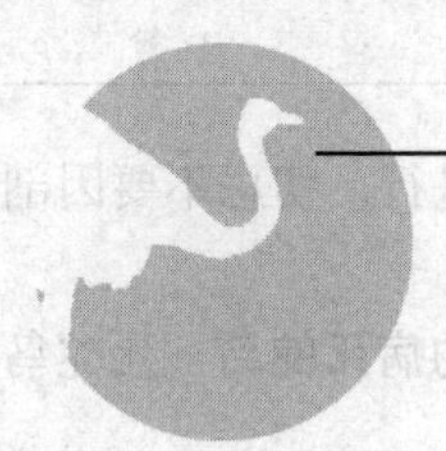

六、鸵鸟疫病

130. 怎样诊断鸵鸟疫病？

（1）了解发病情况 包括病鸟的病程长短，发病率，死亡率；养殖场周边是否有疫情；发病前和发病后采用了什么预防和治疗措施；鸵鸟饲养管理情况（饲料质量，环境卫生，育雏环境的温度、湿度、通风、密度）等。

（2）临床检查 病鸟的精神状态、体温、呼吸及运动有否异常表现？粪便尿液状态、颜色、气味等有否变化？采食、饮水是否正常，是否有假食动作？种鸟发情、配种。产蛋数量，蛋的质量是否有变化？雏鸟生长发育是否正常？皮肤有否外伤、虫咬疤痕？羽毛是否平整、紧贴、光泽，有否羽虱等？临床检查越细、询问内容越多，越有利于对该病做出初步诊断。

（3）病理剖检 通过尸体剖检，观察病理变化以达到初步诊断疾病的目的。鸵鸟患任何一种疾病，其组织器官都可能出现相对应的病理形态的变化，有些形态的变化具有特征性。根据这些病理形态，分析病因，有利于对疾病做出初步诊断。如，当发现病鸵鸟腺胃乳头出血，心脏外膜有弥漫性出血，小肠有出血点等病灶时，病鸟可能的疫病是新城疫。

（4）实验室诊断 利用细菌培养或病毒分离鉴定，找出病原体，从而可以对该病做出准确的诊断。

131. 怎样解剖病死鸵鸟？

（1）剖检场地的选择 剖检场地最好在通风良好、光线充足的室内或选择远离鸵鸟栏舍，易于清理和消毒的空地进行。切忌不要因剖检将场地污染，造成病原扩散、疫病蔓延。

(2) 被解剖的病鸟，最好是濒死或死后不久的病死鸵鸟 死鸵鸟一般不应超过6小时，夏季不应超过4小时。

(3) 解剖方法 死鸟仰卧，将两条腿拉开，在大腿、皮肤之间切开皮肤。用力将两腿拉开，平放在台上，等待解剖。

沿腹中线从颈部到泄殖腔将皮肤剪开，然后去掉胸廓，剪掉腹壁，就可以看到胸腔和腹腔的内脏器官。先将食管连同胃肠、肝脏、脾脏拉出，平铺在台面上。然后取出心脏和肺脏。最后取出肾脏、卵巢、输卵管。病鸟的主要内脏器官全部摘出，便于对内脏器官进行病理检查。

132. 怎样进行病理检查？

(1) 采血 首先通过心脏穿刺采集血样，也可以切开通向腿部的大静脉采集血样。

(2) 头、颈检查 成年鸵鸟眼睑水肿，颈部皮下有多量较清亮胶冻样渗出液时，可能是新城疫。

(3) 消化系统 食道管腔中有无黏液，并观察黏液的形状。检查黏膜表面有无出血及血斑、血点及其大小和形状。

剪开胃壁（腺胃和肌胃），观察内容物状况，是否有胃堵塞现象，胃黏膜有无出血和溃疡，腺胃乳头有无出血点等。腺胃乳头有出血点，是新城疫的特异性病变。

观察小肠（包括十二指肠、空肠、回肠），小肠有无出血点，肠壁有无增生性病灶，剪开肠管，观察内容物数量、状态、颜色，肠黏膜状况，有无寄生虫（如蛔虫、绦虫）等。如怀疑是新城疫或禽流感，应着重观察十二指肠黏膜是否有出血或出血性溃疡。如怀疑是溃疡性肠炎，小肠黏膜则有大量黏液，或有大面积溃疡。

检查大肠（包括结肠、盲肠和直肠浆膜面）有无出血点，黏膜有无出血、溃疡或黏液渗出等现象。

检查肝脏：肝脏的变化非常复杂，有很多疾病可以引起肝脏的各种变化。首先应检查肝脏的形状、大小、色泽、被膜性状等，若体积肿大表明有传染病或中毒病；包膜发炎很可能是大肠杆菌病；肝脏表面有出血点、坏死灶，可能是中毒、病毒感染；肝脏表面有出血斑点，质地变脆、易碎，刀口外翻，可能是新城疫或禽流感。

检查脾脏：当脾脏肿大，色泽暗红时，说明脾脏淤血。脾脏肿大，有坏死灶、出血点，可能是病毒病。

检查胰脏：胰腺有片状或斑状出血时，可能是新城疫。

（4）呼吸系统检查 重点检查鼻腔、喉头、气管黏膜色泽，有无出血，有无炎性渗出物。如果喉头有出血点，渗出物增多，是新城疫的特异性病变。

检查肺脏：肺脏正常颜色为粉红色，质地软，有弹性。如肺脏有水肿，有结节病变，气囊有霉斑时，可能由真菌引起。肺脏水肿、出血，表面有白色坏死斑点，是禽流感的特异性病变。

（5）心及心包检查 正常心包腔内有少量液体起润滑作用，这些液体是透明无色的。若量增多，颜色异常或混浊，有纤维素样物附着，怀疑为大肠杆菌、支原体等引起的病变。鸵鸟患新城疫、禽流感时，心外膜和心冠脂肪出现大小不等的喷洒状的出血点，心内膜可见条索状出血。

（6）泌尿生殖系统检查 肾脏中的肾小管内有白色结晶时，多是由于尿酸盐沉着引起的。

（7）检查卵巢输卵管 正常时输卵管粗细适中，呈灰白色，且较软。当卵泡水肿、表面出血时，可能由新城疫引起。输卵管增粗或粗细不匀，呈黄色，质地变硬，则为输卵管炎，可能由大肠杆菌等细菌引起的。

133. 如何采集和保存病料？

（1）病料要及时采集，保证新鲜。

（2）病料要有代表性，病变明显部位和不明显部位都要采集，这样可显示疾病发生和发展的过程。

（3）采集病料的用具、器皿，以及采集病料的全过程都要尽量做到无菌。防止病料污染。

（4）用于细菌学检查的病料要冷藏送检，用于病毒学检查的病料要冷冻送检。雏鸟病死时，可将整个雏鸟冷藏或冷冻送检。送检病料时，要有发病情况的详细记录，以供参考。

134. 什么是传染病？传染病发生和传播的条件有哪些？

凡是由病原微生物引起，具有一定的潜伏期和临床表现，并具有传染性的疫病统称为传染病。

传染病发生和发展必须具有以下三个条件：

（1）具有一定数量和足够毒力的病原微生物。

（2）具有能够使病原微生物生存、繁衍、传播的媒介。

（3）具有对该传染病敏感的鸵鸟。

135. 什么是传染病的传染源？

鸵鸟传染病最常见的传染源是鸵鸟本身，包括病鸟、病死鸟、携带病原微生物但暂时未发病的隐性鸟。另外，还有因传染病病死的家禽、野鸟，携带病原微生物的家禽、野鸟和有关动物。

136. 什么是传染病的传播媒介？

传染病的传播必须有外界环境因素的参与，病原微生物经传播媒介感染健康鸟。传播的媒介可以是生物体，也可以是无生命的物体。传播媒介有以下几种：

（1）经空气（飞沫，尘埃）传播 病鸟经口腔、呼吸道分泌物以及粪便排出的病原微生物，形成的飞沫、尘埃感染健康鸟，使其发病。

（2）经饲料、饮水传播 病鸟采食、饮水时，可引起饲料、饮水污染，造成疾病传播。

（3）经污染的栏舍和用具传播 被污染的栏舍和用具，未经消毒，病原微生物仍然存在并感染健康鸟，使健康鸟发病。

（4）经人传播 携带病原微生物的人也是传播媒介，当接触健康鸟群时，可使易感鸵鸟发病。

（5）经家禽、野鸟、鼠等动物传播 对禽类许多传染病鸵鸟亦易感、因此防治禽类新城疫、禽流感、大肠杆菌病等传染病，也是间接预防鸵鸟传染病发生的措施。

137. 什么是新城疫？其临床症状及病理变化如何？

鸵鸟新城疫是由新城疫病毒所引起的一种传染性疾病。

主要临床表现为：精神沉郁，不愿走动，食欲降低直至完全废绝，后期，病鸟颈部无力，卧地不起，直至死亡。3～4岁成年病鸟先出现眼睑水肿，之后逐步扩大到头部和颈部水肿，有的病鸟咳嗽，呼吸时有啰音，有的表现颈部扭转、弯曲，出现神经症状。5月龄之内的鸵鸟，发病后主要表现为头颈部弯曲，颈部肌肉出现节律性抽搐，失去平衡，不能站立，甚至瘫痪，有的病鸟体温先高后低，体温高时可达40℃以上，后期降至36℃。

主要病理剖检变化：头、颈部、眼睑水肿，眼睑内表面有出血点，喉部会厌处以及与喉部相连的食道起始部有严重出血，腺胃乳头出血，肌胃角质层易脱落，角质层下有出血，小肠，特别是十二指肠黏膜有渗出性出血，结肠和直肠的浆膜表面有针尖大较密集的出血点，心包积液，心冠脂肪和心室外膜有较密集的或呈喷洒状出血，肝脏稍肿大，个别有紫色坏死灶，成年母鸵鸟卵巢的卵子表面充血。

138. 鸵鸟场发生新城疫后，应采取怎样的应急措施？

（1）立即封锁养殖场，全面消毒，隔离病鸟。对场地使用工具、工作人员的服装等进行彻底清洗、消毒。清除养殖场的粪便、垃圾，利用强消毒剂喷洒消毒，不留死角，严禁粪便等污染物扩散。

（2）进行紧急免疫接种。接种顺序要从远离发病场地的健康鸟群开始，逐步接近发病场地的鸵鸟，最后接种与病鸟同群的疑似健康鸟。紧急免疫接种的顺序绝不能颠倒。

使用新城疫Ⅳ系疫苗进行免疫接种。免疫方式和剂量为：

20 日龄以内雏鸟：用鸡用剂量 3 倍，滴眼、滴鼻。

20 日龄～1 月龄雏鸟：用鸡用剂量的 5 倍，滴眼、滴鼻，同时用相同剂量肌内注射。

1～2 月龄：用鸡用剂量的 6 倍，滴眼、滴鼻，相同剂量肌内注射。

2～6 月龄：用鸡用剂量的 9 倍，滴眼、滴鼻，相同剂量肌内注射。

6～12 月龄：用鸡用剂量的 12 倍，滴眼、滴鼻，相同剂量肌内注射。

1 岁以上的鸵鸟：用鸡用剂量的 15 倍，滴眼、滴鼻，相同剂量肌内注射。

139. 怎样预防鸵鸟新城疫？

(1) 加强鸵鸟的饲养管理 按雏鸟、种鸟、休产期种鸟、青年鸟的不同营养需要，配制鸵鸟日粮。配合饲料、青饲料、粗饲料搭配合理，使饲粮营养全价，增强鸵鸟健康。

(2) 加强鸵鸟运动 养殖场应有一定的运动空间，保证鸵鸟自由运动。运动可以增强鸵鸟体质，促进机体活力，提高抗病能力。

(3) 按正常的免疫程序接种疫苗，提高免疫力 对各年龄段的鸵鸟接种新城疫、禽流感疫苗，可使其获得特异性免疫力，从而保护其免受侵害。

(4) 重视消毒工作 酸类、碱类、酚类、卤素类、氧化剂等消毒药物可以有效地灭杀新城疫病毒、禽流感病毒、大肠杆菌等病原微生物。消毒还可以净化环境，使各种传播媒介无害化，防止鸵鸟传染病的传播、蔓延。

140. 什么是禽流感？其临床症状及病理变化如何？

(1) 定义与分类 鸵鸟禽流感是由 A 型流感病毒引起的一种传

染病。由于病毒毒力不同，可将禽流感分为高致病性禽流感、低致病性禽流感和无致病禽流感。

(2) 临床症状 鸵鸟患禽流感后其临床症状表现为：精神不振，离群，采食量减少或废绝，共济失调，眼睑肿胀，有分泌物，排带有绿色尿液。

(3) 病理变化 病死鸵鸟肝、脾脏肿大、易碎，表面有白色坏死斑点，小肠充血，输尿管内充满白色和绿色尿酸盐。

幼鸟发病率高于成年鸵鸟，病鸟死亡率可达60%～80%，成年鸵鸟死亡率略低，有的经2～3周病程，可以逐渐康复。

141. 怎样防控禽流感？

(1) 加强饲养管理，增强鸵鸟体质，提高其免疫力和抗病能力。

(2) 严格检疫，绝对不从疫区或可疑疫区引种。

(3) 严格卫生防疫消毒制度，防止病毒侵入。

(4) 按程序进行禽流感疫苗注射，增强鸵鸟特异性免疫力。接种疫苗是预防和控制禽流感可靠、有效的措施。

推荐两种疫苗：一种是Rc-6＋Rc-7二价灭活苗，另一种是新城疫＋H9N2亚型禽流感灭活苗。

注射剂量标准：1月龄以内的鸵鸟，0.5～1毫升/只。2～3月龄的鸵鸟，2～3毫升/只。4～6月龄的鸵鸟，3～4毫升/只。6月龄以上的鸵鸟，5～6毫升/只。

两种灭活疫苗均可采用皮下注射。

142. 什么是鸵鸟大肠杆菌病？其临床症状及病理变化如何？

鸵鸟大肠杆菌病是由大肠杆菌引起的一种传染病。能使鸵鸟发病的大肠杆菌至少有9种。不同日龄的鸵鸟均可发生，尤其是幼龄小雏鸟，往往出现较高的发病率和死亡率。

(1) 临床症状 病鸟首先出现精神沉郁，离群独处，翅膀下垂，羽毛松乱，食欲下降，往往到食槽边假啄、假食。后期体温为40～

42℃，食欲废绝，卧地不起，口腔排出黏性物质。有的病鸟腹泻，粪便呈黄白色或黄绿色水样，有腥臭味，患鸟肛门周围被稀粪大面积污染。幼龄鸟卵黄吸收不良，腹部膨大，脐孔愈合不良，往往伴有脐炎。多数病鸟因脱水、衰竭死亡。

（2）病理变化 死后剖检可见胃内多数空虚无食物，腹腔常积有腹水，肠道明显肿胀、充血，有炎症，肠内容物恶臭，颜色发灰。脾脏充血、出血，可见坏死灶。心肌水肿。肝脏肿大，质地脆，颜色从淡黄到暗红不等。肾脏充血，有时可见尿酸盐沉积。泄殖腔往往积尿。气囊壁增厚，有干酪样渗出物。肺脏没有明显病变。幼龄鸟卵黄囊内容物变为干酪样内容物或淡绿色胶冻样。

（3）诊断 根据临床症状和剖检变化，可初步确诊，确诊还需要进行细菌分离鉴定。

（4）防治 平时应加强种鸟饲养管理，饲喂全价配合饲料，防止饲喂霉败、变质饲料，特别是变质的青饲料。

及时治疗患有大肠杆菌病的母鸟，防止大肠杆菌垂直感染种蛋。

种鸟栏舍要及时清扫粪便等污物，定期对栏舍用2%～3%火碱等消毒剂消毒。创造干燥、卫生的饲养环境。

做到当天收集种蛋和入孵前种蛋二次熏蒸消毒制度。

疫苗接种：目前还没有鸵鸟专用大肠杆菌疫苗，但有严重大肠杆菌病史的养殖场，可以用本场分离到的致病大肠杆菌制成灭活苗，进行免疫接种，提高本场鸵鸟对大肠杆菌的免疫力。

143. 什么是鸵鸟绿脓杆菌病？其临床症状及病理变化如何？

鸵鸟绿脓杆菌病是由绿脓杆菌引起的一种疾病。绿脓杆菌是人畜共患、条件性致病菌。绿脓杆菌广泛存在于土壤、水、空气等自然界中，当饲养条件和卫生条件差时，此病不断发生。常见眼睛、种蛋胚胎感染，鸵鸟食道炎、胃肠炎、呼吸道感染、败血症等症状。

（1）病原 绿脓杆菌属于假单胞菌属，是一种能活动的革兰氏阴性菌，菌落为圆形，呈淡绿色。

绿脓杆菌可产生内、外毒素，内毒素可使机体体温升高，白细胞减少，引起多种器官功能障碍。外毒素为溶血素，血管壁通透性增加，引发周边组织水肿，出血。

(2) 临床症状及病理变化 患鸟表现精神沉郁，羽毛松乱，两翅下垂，缩颈低头，嗜睡或呆立，吃食减少甚至废绝，驱赶时运动不协调，排绿色或白色稀粪等。

剖检可见其咽、喉、气管和气囊上有黄白色伪膜覆盖。腹部膨大呈黛青色。卵黄囊吸收不良，内充满土黄色带血样的内容物。肝肿胀充血，边缘钝圆，质地脆易破，颜色变浅，呈土黄色，有的肝中间坏死变硬，颜色发白。肾稍肿，无淤血。腺胃乳头出血，胃角质层下出血。十二指肠淤血，回盲口明显出血，肠系膜血管充血。大脑血管充盈，表面有针尖状出血点，小脑脑沟处充血。

(3) 诊断 根据患鸟的临床症状及病理变化可初步确诊。确诊还需要进行细菌分离鉴定。

(4) 防治 预防为主：一是加强饲养管理，提高群体的抗病能力；二是加强卫生管理，选择绿脓杆菌敏感的过氧乙酸、有机碘等消毒剂对鸵鸟的生存环境定期消毒；三是种蛋、孵化室要严格消毒，预防种蛋污染。

选择患鸟敏感的抗菌药物对症治疗：可肌内注射庆大霉素，每千克体重3 000～5 000单位，每天2次。用红霉素眼药膏治疗眼病，每天2次。

144. 哪些因素易引发鸵鸟胃阻塞？临床症状及病理变化如何？如何治疗？

胃阻塞是鸵鸟的常见疾病之一，一年四季均可发生，以春季发病多见，死亡率高达90%以上。

(1) 发病原因 鸵鸟没有牙齿和嗉囊，腺胃与肌胃之间通道狭窄，当鸵鸟采食过量、未经加工的木质化严重的粗纤维饲料时，易发生胃阻塞。鸵鸟具有明显的异嗜行为，采食一些不能被消化的物品（如木棍、塑料袋、铁钉、铁丝、橡皮等）后，聚集在胃中而导致阻塞。鸵鸟因过度饥饿而采食过多砂石，饮水又不足，造成食物干燥而胃难排空，造成胃阻塞。饲料、气候突变或梅雨季节等不良饲养环境，引起鸵鸟应激，表现明显无目的采食砂石、异物等。过量砂石和异物，影响胃的正常蠕动，从而造成胃阻塞。有胃炎（细菌性、真菌性）的鸵鸟，比较喜欢吃沙，容易引起沙阻塞。

（2）临床症状 胃阻塞患鸟主要临床表现：无食欲或食欲废绝，精神沉郁，不爱活动，离群独居，羽毛松乱，排粪困难，排出黄豆粒大小干硬粪，卧地不起，逐渐消瘦。病程可达5～15天，最终多因心力衰竭而死亡。胃阻塞患鸟免疫系统受到严重抑制，也会继发感染其他疾病。

（3）病理变化 病鸟腺胃明显扩张，胃内容物多达正常时的3～5倍，由于失水而非常坚实，甚至缠结成团不易撕开。肌胃体积变小，十二指肠、空肠、回肠充血、出血，直肠内存有干、硬、小的宿粪。心包积水，心肌弛缓，失去弹性，心脏周围冠状脂肪消失，心腔内积有半凝固状的血块。

（4）诊断 根据患鸟的临床症状，对患病鸵鸟进行腹部触诊，如果触摸胸骨下缘，感觉腺胃体积庞大而坚硬，用力顶触时鸵鸟表现明显不安，可做出初步诊断。

（5）治疗 阻塞程度较轻的，可改变饲养管理条件，加强患鸟运动，对胃部进行轻柔按摩，帮助胃肠蠕动，促进自身的排便能力，达到治疗的作用。较为严重的患鸟，可根据患鸟体况，灌服不同类型的泻剂，帮助胃肠蠕动，排除粪便。可选用泻剂：液状石蜡、硫酸镁（每千克体重0.4～0.8克）、植物油等，每天1次。大黄苏打片（每千克体重0.1～0.3克）、芒硝、龙胆紫，每天1次。对于体质较弱的病鸟，静脉注射葡萄糖生理盐水和庆大霉素80万单位，每天1次。为防止脱水，可手术治疗：对于晚期、严重的患鸟，可以采取手术治疗。

145. 引起雏鸟腹泻的原因有哪些？临床症状及病理变化如何？如何防治？

（1）引起雏鸟腹泻的原因 长时间饲喂高蛋白饲料，缺乏青饲料，或饲喂发霉、变质饲料。饲养环境卫生条件差，通风不良，阴冷潮湿，垫料潮湿、发霉。气候异常，阴雨连天，雏鸟处于应激状态。雏鸟患有大肠杆菌病、病毒病或霉菌病等疾病，常伴随有腹泻。

(2) 临床症状 如果是饲养管理不当引起的腹泻，雏鸟采食、饮食、精神状态基本正常，只是排稀便，无异臭。如果是细菌、病毒或霉菌引起的腹泻，雏鸟表现精神委靡，羽毛松乱，食欲减退，逐渐消瘦，体温升高。排出的稀便颜色发黑、有小气泡、腥臭味。稀粪常黏糊在肛门周围。腹泻1～2天后，患鸟出现脱水、心力衰竭而死亡。

(3) 病理变化 如是饲养管理不当引起的腹泻，肠道有不同程度的出血点，其他器官基本正常。如是细菌、病毒引起的腹泻，病灶主要在小肠，尤其是十二指肠及空肠，肠内容物为灰色或红褐色，肠黏膜潮红，并有大面积的溃疡及出血斑。有腹水。肝脏呈现黄色，质地脆弱。有的病例心外膜及胰脏有针尖状的出血点。如是霉菌感染，可见腺胃有炎症或溃疡，气囊、气管增厚，有大量分泌物。

(4) 防治 改变饲养管理条件，饲喂雏鸟标准日粮，不喂发霉、变质饲料。隔离病鸟，清理栏舍粪便，更换发霉垫料，用2%的火碱全面进行消毒。

药物治疗：①药物饮水：浓度0.1%的土霉素饮水，每日2次，连续5天。②口服药物：大黄片，每日2次，1～2片/次。连续3天。③仙鹤草片，每日2次，3～5片/次，连续3天。

146. 什么原因易引起雏鸟卵黄吸收不良？有什么临床症状？如何防治？

(1) 发病原因 产蛋雌鸟患有大肠杆菌病，种蛋在生殖道被感染，所产的种蛋已有病原菌存在。种鸟栏舍不卫生，种蛋被粪便、污水污染。种蛋收集、消毒、存放不当，被环境中的病原微生物污染。雏鸟出壳后脐带消毒不严或没有消毒，病原微生物通过脐带侵入雏鸟体内感染卵黄囊。

(2) 患鸟临床症状 病鸟腹部膨大变软，脐带愈合不良，潮红肿胀，有炎症。病鸟精神呆板，不爱活动，没有食欲，排黑色稀便，体质逐渐消瘦，病程长短不一，1～2 周死亡。

(3) 防治 有针对性的采取防治措施，在种鸟休产期，治疗患有大肠杆菌病的产蛋鸟；每天清除种鸟栏舍粪便、垃圾，定期消毒，保持栏舍干燥、卫生；及时收集、消毒、贮存种蛋；雏鸟出壳后及时用2%碘酒消毒脐带，防止病原微生物通过脐带侵入雏鸟体内感染卵黄囊；有炎症的患鸟，通过脐带注射抗生素。如四环素 50～100 毫克/次，每日 1 次，连续 4～5 天，可以降低病鸟死亡率。

147. 雏鸟呼吸道并发症有哪些临床症状？如何防治？

0～4 月龄的雏鸟易感染呼吸道并发症。

(1) 主要临床症状 患鸟咳嗽、气喘、打喷嚏、流鼻涕、呼吸困难，食欲减退，精神不振，腹泻，稀便中有黏液、小气泡，恶臭。逐渐消瘦死亡，死亡率高达 50%。

(2) 病理变化 气管黏膜增厚，有黄色黏液分泌物，气囊表面有干酪样渗出物，肺肿胀出血，表面有纤维素状白膜。小肠有大面积溃疡及出血斑。

(3) 诊断 根据患鸟临床症状及病理变化，可作出初步诊断——霉菌并发大肠杆菌综合征。确诊还需要进行细菌分离鉴定。

(4) 防治 预防：隔离病鸟，及时治疗；适当减小饲养密度；清理栏舍粪便，用 2%的火碱全面进行消毒；更换发霉垫料，保持垫料卫生、干燥；保证育雏室适宜温度的同时，注意室内通风，保持空气新鲜；提供良好的运动空间，加强雏鸟运动；供给全价易消化的饲料。

治疗：可选用红霉素、黄连素、制霉菌素口服或肌内注射。对体质较弱的患鸟增加速补-14 或电解多维、酵母片口服等。

148. 什么是鸵鸟曲霉菌病？鸵鸟有哪些临床表现？如何防治？

曲霉菌病是鸵鸟吸入霉菌孢子后，引起的一种呼吸系统的疾病。

幼鸟多呈急性发生，死亡率为 10%～30%。慢性曲霉病主要发生于成年鸟，发病率较低，多为散发型。

（1）临床症状 患鸟在早期表现为精神沉郁，两翅下垂，羽毛蓬乱无光泽，食欲减退，垂头走路。随着病情的进展，患鸟出现张嘴呼吸、呼吸急促，食欲废绝，可视黏膜发绀，最后因呼吸衰竭而死亡。

（2）病理变化 气管黏膜有炎症，气囊明显增厚，有干酪样分泌物和霉斑，肺脏和肝脏表面有大小不等的干酪样结节，周围严重充血。

（3）诊断 根据临床症状及病理变化，可作出初步诊断。确诊需进行病原分离。采集结节病灶、霉斑和干酪样分泌物等病料，进行病原分离、培养，见（镜检）霉菌菌丝，即可确诊。

（4）防治 如果是由于饲料霉变而引起的，应立即停喂发霉、变质饲料。饲喂良好的配合饲料和新鲜的青绿饲料（饲料应在通风、干燥、向阳的地方保存，防止受潮霉变）。

如果是由于垫料潮湿、霉变而引起的，应及时清理栏舍粪便、原有垫料，进行全面消毒后再更新垫料。保证栏舍卫生、干燥、通风。患鸟可注射复合维生素 B，按每 10 千克体重 1 毫升，每天 2～3 次，肌内注射。

149. 鸵鸟皮下气肿有哪些临床表现？如何治疗？

由于外伤引起呼吸道损伤，致使空气蓄积在皮下组织中，形成的局部皮下隆起的外科疾病。任何年龄的鸵鸟均可发生，病变主要在颈部和胸部。

（1）临床症状 一种情况是皮下气肿范围较小，气肿也不压迫食管、气管等重要部位。鸵鸟精神、采食及运动等情况都正常。另一种情况是皮下气肿范围较大，鸵鸟机体前躯嗉囊部位、颈部及头部皮下充满了气体，气肿部位皮肤高高隆起，触摸柔软如气球，有“嚓嚓”响声，病鸟会出现精神不振、食欲减退、羽毛蓬松、行动迟缓等临床表现。这种患鸟，如不及时处理，皮下气肿症状会继续加重，严重影响采食、精神异常、生长发育不良。

（2）治疗 如果是患处皮下气肿较小，且不压迫食管、气管等重要部位，鸵鸟采食、饮水、精神、运动也正常，则可不做任何处理，经过一段时间后，可自行恢复。

如果皮下气肿面积较大，且有逐渐增大的趋势，影响鸵鸟正常的生活，则可在患处做小手术，将皮下气体挤压出去。手术处理方法：在气肿皮下，远离血管部位，用大号针头（或套管针头）插入皮下，通过针头将气体挤压出去。也可以在气肿部位上缘皮肤，用刀片割1～2厘米的小口，由下至上轻轻、缓慢推、挤、压，使气体排出体外。同时肌内注射抗生素，经过反复处理几次就可以恢复。手术全过程要严格消毒，防止感染。

150. 什么原因易引起鸵鸟脱肛？脱肛有哪些临床症状？如何预防？

（1）发病原因 2～5月龄的小鸟，常因饲养管理不当引起发病。发病主要原因：在青绿饲料逐渐减少的深秋至早春季节，青绿饲料供应量不足或缺乏。鸵鸟缺乏青绿饲料，胃肠蠕动迟缓，引发粪便干燥、便秘。鸵鸟为了排出粪便，便用力、反复多次努责，导致脱肛。较长时间腹泻的患鸟，肛门括约肌松弛也会引起鸵鸟脱肛。鸵鸟长时间生活在潮湿、阴冷的环境中，且饲养密度较大，饲料营养不平衡，运动量不足，引发小鸟腹泻、便秘甚至脱肛。泄殖腔有炎症，引起泄殖腔收缩障碍而致脱肛。

（2）临床症状 初病的鸵鸟肛门周围的绒毛湿润，有时从泄殖腔内流出白色或淡黄色黏液，随后有肉红色的泄殖腔翻出而不能自行复位。严重时，脱出部分黏膜水肿、淤血呈暗红色。

（3）预防措施 加强饲养管理：鸵鸟生存环境应干燥、卫生，有一定面积的运动空间，饲料营养平衡，营养丰富，精、青、粗饲料搭配合理，饮用水充足，是预防脱肛的主要措施。

151. 对脱肛鸵鸟如何进行外科手术？

（1）较轻的患鸟 可以先用高锰酸钾溶液或3%明矾溶液清洗

脱出的泄殖腔，然后喷洒青霉素粉，再用手将脱出的部分轻轻推入腹腔内，反复1～2次，便可以复位。患鸟停喂一天饲料，给予足量饮水。

（2）较重的患鸟 人为地将脱出的泄殖腔复位后，为了防止再脱出，可在肛门周边进行十字状、米字状手术缝合，并在肛门周边取3～4点，每天注射抗生素，连续3天，以防感染。3～4天后拆线即可治愈。

152. 雏鸟腿脚病是怎样发生的？如何防治？

雏鸟腿脚病是雏鸟常见病、多发病，发病率高达20%，淘汰率、死亡率高。

（1）弯趾 是指出壳后的雏鸟脚趾向内或向外侧翻转与地面形成35～45°夹角，脚趾歪斜或扭转。主要原因：一是种蛋在孵化过程中湿度过高，胚胎失重不足造成雏鸟水肿，引起雏鸟弯趾；二是种鸟日粮中缺乏B族维生素，特别维生素B_2，引起雏鸟弯趾。标准化饲养种鸟，饲喂全价日粮，可以减少弯趾患鸟。

弯趾矫正的操作方法：

①患鸟日龄：4～5日龄，食欲正常，精神状态好的患雏，均可以施术矫正。

②外界因素：气候温和，无雨少风，育雏环境干燥、卫生。即可以进行施术矫正。

③工具：一字形薄竹片（长2～2.5厘米，宽0.8～1厘米），将医用胶布撕成1厘米宽，20～25厘米长条，剪刀一把。

④施术方法：助手坐在小凳子上，将患鸟头向内，身体仰卧，保定在大腿面上，一手牢固抓紧畸形脚趾的腿，等待施术。

术者坐在小凳子上，先将患鸟脚掌泥土、粪便清理干净。一手轻轻扭动患趾至正常状态，另一手将一字形薄竹片紧贴患趾底部固定，再用医用胶布条将患趾与一字形薄竹片紧紧缠绕，达到矫正目的。

矫正后的雏鸟患趾脚掌着地正常，1～2小时后便可行走、奔跑。

不影响采食、饮水。术后4～5天，拆除胶布、竹片。患趾已恢复正常状态，脚掌底面着地平稳。治愈率高达98%以上。无后遗症。

(2) 八字脚 是指出壳后的雏鸟，髋关节向外旋转，表现为两腿劈开，不能合拢站立。主要原因是雏鸟出壳后体弱、水肿，站立不稳，两腿向外滑，不能合拢站立，形成八字脚。出雏箱箱底太滑，雏鸟站立不稳，两腿向两侧滑，时间长了形成八字脚。

矫正方法：第一，用绷带分别绑在两腿上，将两腿拉近，绷带长度以两腿间的正常距离为宜，防止两腿再向外滑，直到两腿能合拢站立、可以支持自身体重，便可以拆除绷带。第二，出雏箱箱底要有防滑垫，防止雏鸟两腿向两侧滑，形成八字脚。

(3) 弓形腿 是指两腿同时向外或向内弯曲，跗关节肿大。发病主要原因是雏鸟日粮中钙、磷不足或钙磷比例不当而引起的。调节雏鸟日粮中钙磷的含量及比例是预防弓形腿的主要措施。正常的雏鸟日粮钙、磷的含量不能低于1.5%和0.75%，钙、磷适宜比例为2.1∶1。

(4) 腿扭转 是指一侧或双侧胫骨向外或向内扭转，此病常见2～4周龄的雏鸟发生。患鸟走路跛行，淘汰率很高。引发腿扭转的主要原因：一是雏鸟采食量过多，增重过快。雏鸟肌肉与骨骼发育不同步（骨骼发育相对较慢），胫骨承受不了肥胖体重的压力而扭转。二是日粮营养不平衡，钙、磷不足，或者是钙、磷比例不当。三是雏鸟缺乏运动，运动可促进肌肉和骨骼正常生长发育。四是雏鸟腿部损伤，近端的胫骨骺板损伤等，导致腿扭转。

防治措施：选用专用雏鸟饲料，日粮营养平衡，使雏鸟发育正常。对发育快、肥胖、超过标准体重的雏鸟，要合理限饲，控制生长速度。加强鸵鸟运动，增强雏鸟体质。

(5) 滑腱 关节的屈肌腱从腱槽内脱出，滑向一边。发生滑腱的主要原因是雏鸟营养不良，缺乏微量元素锰。雏鸟突然奔跑，摔倒，引发滑腱。滑腱的雏鸟走路跛行。

预防措施：要从饲养管理入手，提供全价的配合饲料。创造良好的饲养环境，防止应激。对滑腱雏鸟及时采取外科手术治疗，将滑腱复位，用绷带固定，几天后可以恢复。

153. 如何防治鸵鸟羽虱？

羽虱深灰色，体型扁平，无翅，体长 2～3 毫米，寄生在鸵鸟全身的羽毛上，只食羽毛、皮屑，不吸血。羽虱在鸵鸟体表面、羽毛适合的部位产三角形卵，4 天至 2 周孵化成幼虫，经几次蜕皮，发育成羽虱。羽虱的寿命只有几个月，一生可繁殖十几万个后代。羽虱一旦离开宿主，5～6 天就会死亡。

（1）临床症状 感染羽虱的鸵鸟皮肤瘙痒，表现为烦躁不安、食欲减退，雏鸟发育受阻，母鸟产蛋下降。患鸟互相啄癖，皮肤局部严重受损。羽虱蚕食羽小枝，使羽毛残缺不全，失去观赏和经济价值，严重时会造成羽毛折断、脱落。

（2）诊断方法 患鸟羽毛蓬乱，无光泽，羽毛有被羽虱吃过的痕迹。取一根羽毛，仔细观察，见羽毛管和羽小枝部位有羽虱虫体，即可确诊。

（3）传播途径 直接接触是羽虱传播的主要途径。患鸟脱落的羽和公共用具也可以间接传播。

（4）防治 预防：保持饲养环境卫生、干燥。减少患鸟与健康鸟直接接触。及时清理脱落的羽毛，进行无害化处理，有一定预防羽虱传播作用。

药物治疗：用 0.3％的速灭菊酯溶液或 1％的敌百虫溶液，喷洒或涂抹躯体。间隔 7～10 天再治疗一次。或者，利用鸵鸟休产期，与防疫工作一起，肌内注射伊维菌素，剂量为 50 千克体重 1 毫升。间隔 7～10 天再治疗一次。可有效灭杀羽虱。

154. 什么原因易引起鸵鸟亚硝酸盐中毒？如何防治？

（1）中毒的原因 农作物和各种青绿饲料中都含有一定量硝酸盐，硝酸盐本身无毒，但在硝酸盐还原菌作用下，硝酸盐可以转化为亚硝酸盐，亚硝酸盐有毒。有资料表明：硝酸盐还原菌广泛存在于自然界中，生存和繁衍最适宜的温度为 20～40℃。当青绿饲料或块根饲料堆放太久，特别是经过雨淋、日晒的青绿饲料，极容易产热、发酵、腐败。此时，硝酸盐还原菌活力最强，可使植物中硝酸盐转化为亚硝酸盐。鸵鸟采食了这类饲料后会中毒。

（2）临床症状 亚硝酸盐可使血液中的血红蛋白丧失正常的携氧功能，导致组织缺氧，引起急性、亚急性中毒。患鸟临床表现为：病鸟流涎，呕吐，呼吸困难，全身颤抖，兴奋或抑制，可视黏膜发绀等。

（3）诊断 根据患鸟临床症状和青绿饲料有产热、发酵、腐败等现象，可以做出初步诊断。实验室确诊方法：取病死鸟胃容物（液体）或残留饲料的液汁一滴，滴在滤纸上，加10%的联苯胺液1～2滴，再加10%的冰醋酸液1～2滴。如有亚硝酸盐存在，滤纸即变为褐色，可确诊病死鸟为亚硝酸盐中毒。否则颜色不变。

（4）治疗与预防 停喂堆积、发热、腐烂、变质的青绿饲料。静脉或肌内注射1%美蓝注射液，剂量按体重计算0.1～0.2毫升/千克；注射20%的葡萄糖注射液、阿托品、维生素C，也有一定辅助疗效。

155. 雏鸟过量补钙，能否解决雏鸟的骨骼疾病？

预防和治疗骨骼疾病，要全面考虑、分析饲料中的磷钙的含量，磷钙比例，是否合理？微量元素锌和锰的添加数量是否正确？饲养管理是否存在问题等？找出引起骨骼疾病的真正原因，才能准确地采取有效措施，预防与治疗雏鸟的骨骼疾病。如果一味地提高饲料钙的含量，不但治不好骨骼疾病，过量的钙反而影响机体对锌和锰元素的吸收。锌、锰元素在鸵鸟成骨过程中有不可替代的作用。因此，要全面、科学地分析雏鸟骨骼疾病的发生原因，才能有针对性地采取防治措施，才能治愈雏鸟的骨骼疾病。

156. 如何运输、保管和使用疫苗？

（1）疫苗运输 疫苗运输时要千方百计低温保存疫苗、快速将疫苗运送到目的地。因此，在运输疫苗时，一方面采用保温车、保温箱、保温瓶等专业器具存放疫苗；另一方面，要缩短运输时间，采用保温车、高铁、航空等快速运输工具，并减少中间转运环节，短途运输也要尽量减少运输途中风险。采取低温、快速运输方式是为了防止因运输不当而降低疫苗质量。

（2）疫苗的保管 各种疫苗在使用前和使用过程中，必须按说明书规定的保存条件保管，绝对不能马虎大意。一般冻干活苗要求在低温冷冻（－15℃以下）条件下贮存。非冻干活苗（湿苗、液体苗）、灭活苗在2～8℃的普通冰箱内保存。不论是冻干活苗，还是灭活苗保存温度都要保持恒温，不能时高时低。

一般情况下，疫苗的保存期越长，疫苗的效果就越差。超过保持期的疫苗已失去功能，不能再用。

（3）疫苗使用 使用前，要检查疫苗是否有产品标签、是否在有效期内、疫苗瓶是否破损。如果是油苗，是否油水分层、变色、沉淀等，如有上述问题不能使用。

接种疫苗时，看清稀释倍数、接种方法、注射剂量等要点，防止失误，影响接种效果。接种疫苗用的注射器、针头（有条件的养殖场最好使用一次性注射器）、镊子等要经严格消毒再使用。注射用的针头需要每只鸵鸟更换一个，避免交叉感染。

接种后的注射器、针头、镊子等要浸泡消毒30～60分钟，洗净，用消毒后的白布分别包好保存。已开瓶未用完的疫苗不能隔天再用。使用过的生物制品空瓶、消毒棉、剩余的疫苗液、一次性注射器等集中消毒、焚烧、深埋。

157. 怎样才能做到正确使用消毒药物？

（1）合理配制消毒液 要认真阅读产品说明书，按配制方法配制消毒液。理想的配制浓度，才能达到最大杀伤力。消毒液浓度偏高，浪费消毒剂，不经济。浓度偏低，消毒液的杀伤力弱，达不到消毒效果。因此，一定要按规定配制消毒液的浓度，不得随意配制，否则达不到消毒效果。

（2）消毒方法 消毒前先要清理场地的杂物、粪便，防止“带粪消毒”，降低消毒效果。消毒时，要喷洒均匀、到位，不留死角，特别注意偏僻、阴暗、潮湿的角落清污和消毒。

（3）粪便、杂物处理 清理出的杂物、粪便要运到养殖场内下风向的角落处，强化消毒后，堆积，暂时存放。堆积时进行生物发酵（堆积方法从略），产生高温，继续灭杀残余的病毒、病菌和寄生虫、虫卵。防止病原微生物死灰复燃，再次污染环境。

（4）消毒的安全措施 消毒时，工作人员要带防护帽、防护眼镜、防护手套、防护鞋，防止消毒液伤害黏膜、皮肤，确保人身安全。

158. 常用消毒药物有哪些？怎样使用效果更好？

（1）氢氧化钠（烧碱） 强碱性消毒剂，对病毒、细菌以及寄生虫、虫卵都有较强的灭杀作用。常用2%～3%浓度的稀释液，用于大门消毒池的消毒液，高压水枪的消毒液，对进场的车辆、行人消毒。用于孵化室、育雏室门前的消毒池的消毒液，对进、出工作人员消毒。定期对鸵鸟栏舍、孵化室、育雏室的地面、墙壁喷洒消毒。

（2）氧化钙（石灰石） 氧化钙是一种廉价消毒药，呈强碱性，可杀死多种病原微生物。常用20份氧化钙加80份水配成石灰乳（现配现用）涂刷场内围墙或喷洒栏舍地面、粪便堆积场所等处进行消毒。氧化钙吸收空气中的二氧化碳变成碳酸钙后，会失去消毒作用。因此，不能用熟灰石配制消毒剂。

（3）消毒灵 消毒灵深红色，黏稠液体，有臭味。浓度0.5%～1%的消毒灵，对病毒、细菌、霉菌都有较强的灭杀作用。常用于鸵鸟场围栏、饲养场地消毒。

（4）新洁尔灭 芳香味，淡黄色胶状液体，市场销售的新洁尔灭浓度为0.5%～1%。新洁尔灭对肠道菌、化脓性病菌有较强的灭杀作用。常用0.1%浓度的新洁尔灭，喷雾消毒孵化室、出雏室、育雏室空间、地面。清洗孵化室、出雏室的蛋架、蛋框等用具，冲洗沾有污物种蛋的蛋壳。

(5) 福尔马林 40%的甲醛溶液称福尔马林。福尔马林是一种广谱杀菌药物，对病毒、细菌、真菌都有较强的灭杀作用。常用福尔马林对鸵鸟场的孵化室、育雏室、种蛋室、饲料库、种蛋进行熏蒸消毒。种蛋熏蒸消毒的浓度为：每立方米空间用福尔马林 28 毫升、高锰酸钾 14 克，密封消毒 24 小时。

(6) 过氧乙酸 无色透明液体，弱酸性，有强烈的刺激性，易挥发，市场销售的过氧乙酸浓度为 20%。过氧乙酸对细菌及其芽孢、病毒、真菌都有高效的灭杀作用。常用 2%浓度喷雾消毒栏舍空间、地面。

(7) 过氧化氢（双氧水） 无色透明液体，弱酸性，可产生气泡，易溶于水。常用 1%～2%的浓度，清理外伤伤口。

(8) 高锰酸钾 带有光泽的紫色结晶体，为强氧化剂，有燃烧性能。常用 0.1%浓度消毒皮肤黏膜，常与福尔马林配合用于熏蒸消毒。

附 录

附表1 常用抗生素

药物名称	规格	参考用量及用法	主要用途及注意事项
青霉素	针剂40万、80万单位/支	1.5万～2万单位/千克，肌内注射	用于防治革兰氏阳性菌引起的疾病。不宜与卡那霉素、庆大霉霉素、氯霉素、维生素C混用
链霉素	针剂1克/支	20～40毫克/千克，肌内注射	用于防治革兰氏阳性菌引起的疾病。雏鸟慎用
卡那霉素	针剂0.5克/支	10～30毫克/千克，肌内注射	用于治疗革兰氏阴性菌引起的疾病
土霉素、四环素	针剂0.1克/支、0.2克/支	10～20毫克/千克，肌内注射	广谱抗菌药，用于治疗大肠杆菌、沙门氏菌、肺炎球菌、葡萄球菌等引起的疾病。切忌与碱性物质配合
长效四环素	片剂、粉剂	10毫克/千克，肌内注射	广谱抗菌药，用途类同四环素
制霉素片	25万、50万单位/片	拌料，100万/千克饲料	抗真菌，用于治疗真菌病
硫酸铜	结晶体	饮水，100毫克/升	用于治疗真菌病
乙酰螺旋素		40～60毫克/千克，肌内注射	抗药菌，用于治疗呼吸道疾病
磺胺嘧啶	针剂10% 片剂0.5克/片	1毫克/千克，肌内注射；0.2%拌料饲喂	用于治疗大肠杆菌、沙门氏菌引起的腹泻、肠炎等
新诺明	针剂2克/毫升，片剂0.5克/片	35～50毫克/千克，肌内注射；0.1%～0.2%拌料饲喂	用于治疗白细胞虫病、细菌感染等。拌料时适量配合碳酸氢钠使用
磺胺脒	片剂0.5克/片	0.5%～1.0%拌料饲喂	用于治疗细菌性肠炎、腹泻、球虫病等
环丙沙星	片剂		用于治疗大肠杆菌、沙门氏菌引起的腹泻、肠炎等

附表 2　常用驱虫、杀虫药

药物名称	规　格	参考用量及用法	主要用途及注意事项
伊维菌素	50 毫升/瓶，200 毫升/瓶	皮下注射 0.2 毫升/千克体重	用于驱除体内线虫、体外寄生虫
阿福丁	5～100 毫升/瓶 粉剂 0.2%	皮下注射，0.2 毫升/千克体重，口服 0.1 毫克/千克体重	用于驱除体内线虫、体外寄生虫
丙硫苯咪唑	片剂 200 毫克/片	口服 20～30 毫克/千克体重	为广谱、高效低毒驱虫药，用于驱除绦虫
马拉硫磷	溶剂、粉剂	外用，0.5%水溶液喷刷躯体	用于灭杀羽虱、螨、蜱等外寄生虫
敌百虫	粉剂	外用，0.1%水溶液喷刷躯体	用于灭杀羽虱、螨、蜱等外寄生虫

附表 3　常用镇静及麻醉药

药物名称	规　格	参考用量及用法	主要用途及注意事项
普鲁卡因	2%浓度，2 毫升/支	视麻醉面积而定，一般用 2～10 毫升	用于手术局部麻醉，治疗肢体麻木
846 动物保定剂	针剂	肌内注射 0.2～0.3 毫克/千克体重	用于手术前镇静与辅助麻醉
安定	针剂，片剂	静脉注射、肌内注射 0.3～0.5 毫克/千克体重	用于手术前镇静与辅助麻醉
氯胺酮	针剂	肌内注射 10～25 毫克/千克体重	用于手术前麻醉，常与镇静药联合使用

附表 4　常用消毒药及适用范围

种类	药物名称	性　状	浓　度	使用范围
酚类	石炭酸	无色针状结晶或白色结块有臭味，溶于水、酒精等	结晶体	石炭酸为原浆毒，可使蛋白质变性，灭杀细菌体、真菌。2%～5%水溶液消毒用具、器具、栏舍、车辆
	来苏儿	皂化液	1%～10%	1%～2%来苏儿用于皮肤消毒。5%～10%用于鸟舍、用具

（续）

种类	药物名称	性　状	浓　度	使用范围
酚类	臭药水	深棕黑色乳状液	3%～5%	污物消毒，用于鸟舍、用具、污物消毒
	消毒灵	深红色黏稠液体有臭味，溶水	是酚（含41%～49%）和醋酸（含22%～26%）的混合体	可杀死细菌、霉菌、病毒和多种寄生虫。常用于饲养场栏舍用具以及污物的消毒
醇类	乙醇	透明液体	70%～75%	可使细菌脱水，蛋白质凝固变性，从而杀死病菌，常用于工作人员手臂，兽医室器具消毒
醛类	福尔马林	有强烈刺激臭味，无色液体，溶于水和醇	福尔马林含甲醛37%～40%	有较强的杀菌作用，40毫升/米^{3}福尔马林＋20克高锰酸钾熏蒸消毒种蛋、孵化室、育雏室效果很好
碱类	生石灰	白色块状或粉状物（碱性）	10%～20%石灰乳	石灰乳，粉状物可杀死多种病原菌。石灰乳用于墙壁、地面、粪池、污水沟等处消毒。石灰粉撒布消毒
	碳酸钠	又称火碱，白色粉状结晶，无味	0.5%～4%	用于消毒栏舍、孵化室、育雏室地面和墙壁。为强碱性，对皮肤、黏膜有刺激性，要小心使用
卤素类	碘酊	液体	1%～2%	碘酊（碘2%、碘化钾1.5%、50%乙醇配制而成）用于手术部位、注射部位的消毒。1%碘甘油用于创伤部位、口炎黏膜等处涂擦
	漂白粉	白色颗粒状粉末，有臭味，溶水	有效氯为0.25%	漂白粉分解生成的次氯酸、活性氧（O）、活性氯（Cl）能破坏菌体、蛋白质氧化，抑制细菌各种酶的活性，从而灭杀细菌、病毒、真菌、原虫

（续）

种类	药物名称	性　状	浓　度	使用范围
氧化剂	高锰酸钾	黑紫色结晶或颗粒，有光泽，无味，溶水	结晶或颗粒	0.1%高锰酸钾溶液能杀死细菌，2%～4%高锰酸钾溶液在24小时内能杀死芽孢，与福尔马林配伍熏蒸消毒种蛋、孵化室、育雏室效果很好
	过氧乙酸	无色透明液体，弱酸性浓度45%剧烈碰撞或加热可爆炸	20%（80%为水或有机溶液）	过氧乙酸有酸的特性，又有氧化剂的作用，对细菌体和芽孢、病毒、真菌有灭杀作用。用于消毒栏舍、孵化室、育雏室地面，墙壁。水槽、食具等消毒
表面活性剂	新洁尔灭	无色或淡黄色的胶状液体，有芳香味，溶水，稳定	5%	01%水溶液用于消毒手臂，兽医室器具。喷雾消毒种蛋、孵化机及用具，对肠道菌、化脓性病原体及部分病毒有较好的灭杀作用
	消毒净	为白色结晶性粉末，无臭，味苦，稳定，溶水、乙醇		其消毒、杀菌作用略强于新洁尔灭
	度米芬，又称消毒宁	为白色或淡黄片剂或粉末，微苦，稳定，溶水、乙醇		其消毒、杀菌作用同新洁尔灭，毒性小
其他	百毒杀	广谱，速效	50%	对大肠杆菌、沙门氏菌、新城疫病毒灭杀作用好，按其产品说明书使用，效果好，安全
	龙胆紫（紫药水）	绿紫色有金属光泽的碎片和粉末	1%～2%（水和酒精溶液）	用于治疗皮肤创伤感染、禽痘

附表5 系谱证书（雄鸟）

鸵鸟场名称________ 地址________
法　　人________ 电话________
鸵鸟品种________ 标号________ 来源________
配偶品种________ 标号________ 来源________
年龄与体尺：
年龄________ 体重________ 背长________ 胸宽________
颈长________ 荐高________ 胫长________ 围管________

生产性能记录			双亲生产性能 父标号____ 品种____ 来源____ 年龄____			母标号____ 品种____ 来源____ 年龄____	
年度	受精率	同胞母鸟平均产蛋量	年度	受精率	同胞母鸟平均产蛋量	年度	产蛋数量

注：1. 体重：禁食12小时空腹活重，单位为千克。
2. 背长：背部从第一胸椎到第一尾椎颈的长度，单位为厘米。
3. 胸宽：两肩关节之间的体表距离，单位为厘米。
4. 颈长：由第一颈椎至基部的长度，单位为厘米。
5. 荐高：由综荐骨最高点至地面的垂直距离，单位为厘米。
6. 胫长：由膝关节至跗关节的长度，单位为厘米。
7. 管围：胫部远端最细处的周长，单位为厘米。

附表6　系谱证书（雌鸟）

鸵鸟场名称________________ 地址________________

法　　人________________ 电话________________

鸵鸟品种________________ 标号____________ 来源____________

配偶品种________________ 标号____________ 来源____________

年龄与体尺：

年龄__________ 体重__________ 背长__________ 胸宽__________

颈长__________ 荐高__________ 胫长__________ 围管__________

生产性能记录			双亲生产性能				
			父标号________ 品　种________ 来　源________ 年　龄________			母标号________ 品　种________ 来　源________ 年　龄________	
年度	受精率	同胞母鸟平均产蛋量	年度	受精率	同胞母鸟平均产蛋量	年度	产蛋数量

注：1. 体重：禁食12小时空腹活重，单位为千克。

2. 背长：背部从第一胸椎到第一尾椎颈的长度，单位为厘米。

3. 胸宽：两肩关节之间的体表距离，单位为厘米。

4. 颈长：由第一颈椎至基部的长度，单位为厘米。

5. 荐高：由综荐骨最高点至地面的垂直距离，单位为厘米。

6. 胫长：由膝关节至跗关节的长度，单位为厘米。

7. 管围：胫部远端最细处的周长，单位为厘米。

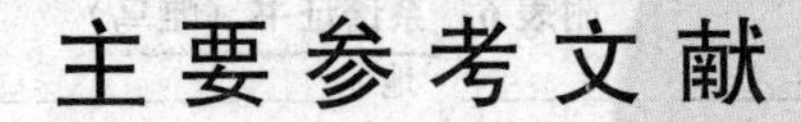

主要参考文献

关世林．1997. 鸵鸟生产［M］．上海：上海科学技术出版社．

黄玉珍．2003. 非粮型饲料高效生产技术［M］．北京：中国农业出版社．

李复兴．1994. 配合饲料大全［M］．青岛：中国海洋大学出版社．

张常印．1998. 鸵鸟疾病防治［M］．北京：中国农业出版社．

中国鸵鸟养殖开发协会．2010. 中国鸵鸟业［M］．北京：中国农业出版社．

中华人民共和国濒危物种进出口管理办公室．1995. 野生动植物进出口管理工作指南［M］．海口：海南国际新闻出版社．

后 记

《鸵鸟健康养殖有问必答》一书经过一年多的努力终于付梓了。

这本书的顺利出版是集体努力的结果。书名由原农业部部长、协会顾问刘中一题写；前言由原农业部人事劳动司司长、协会顾问王锵书写；协会原会长王佩亨承担组织、协调和编审定稿工作；全书内容由协会副秘书长、协会技术推广（专家）委员会副主任范继山同志编写；协会副秘书长、办公室主任张保安承担了大量的联络协调和编校工作。

此书编著者范继山同志，任协会副秘书长、技术推广（专家）委员会副主任，热爱鸵鸟专业，曾多次深入鸵鸟企业蹲点、调研、考察，帮助企业培养养殖人员，解决养殖中遇到的各种技术难题，积累了丰富的鸵鸟养殖经验。并且二十年如一日的认真向企业推广技术，培训人员，已是我国鸵鸟养殖技术方面的权威专家。

在《鸵鸟健康养殖有问必答》编写与出版过程中得到全国畜牧总站、中国农业出版社等单位的指导与支持，深表感谢；对协会技术推广（专家）委员会张劳主任，协会疫病防治中心主任、协会技术推广（专家）委员会尹燕博副主任，以及生产第一线技术推广（专家）委员会各位委员、技术员的支持和资料提供表示谢意；本书的编写与出版还得到了一些鸵鸟养殖企业的关心和资金支持，如河南金鹭特种养殖股份有限公司、广东惠来鸿基实业有限公司、北京京磁养殖场。在此一并感谢。

由于作者的理论水平和鸵鸟养殖经验有限，书中的内容难免会有一些错误和不妥之处，诚望广大读者批评指正。

编　者

2016 年 11 月

河南金鹭特种养殖股份有限公司简介

河南金鹭特种养殖股份有限公司成立于1997年，是河南省供销合作总社直属全资企业，是一家集鸵鸟养殖开发、旅游开发、出口创汇及文化传播为一体的大型企业，是中国鸵鸟养殖开发协会会长单位，出口鸵鸟肉质量安全示范区单位，是全国供销总社、河南省及郑州市农业产业化重点龙头企业。

汕头市鸿业发展有限公司简介

汕头市鸿业发展有限公司于 1995 年筹建，注册资金 500 万，是集进出口业务、鸵鸟养殖、加工、贸易、旅游服务等为一体的综合性企业。公司属下的靖海湾度假村和靖海湾鸵鸟养殖基地，是公司的支柱产业，靖海湾度假村海水清澈，空气清新、绿树成荫、风光秀丽，是都市人放松度假的好去处，度假村设有海滨浴场、宾馆、餐厅等配套设施；靖海湾鸵鸟养殖基地于 2000 年被指定为中国鸵鸟养殖“示范基地”。

北京京磁养殖场简介

北京京磁养殖场成立于1998年12月，位于北京市通州区马驹桥镇南小营村，是以非洲鸵鸟养殖为主的综合养殖开发企业；总占地12公顷；注册资金200万，其非洲鸵鸟产品通过了“无公害农产品”产地认证；养殖基地环境优美，空气清新；同时也被指定为北京市通州区马驹桥镇未成年人科普教育基地。

北京京磁养殖场从建场伊始，秉承绿色养殖的理念；始终坚持食物链饲养模式饲养，场内所有的养殖动物饲料均不添加抗生素与激素，饲料主要有原粮、蔬菜、黄粉虫等；为确保动物的健康生长，场内建有2 000多$米^2$的黄粉虫生产车间，每日供应量达1 000千克；作为一家鸵鸟养殖开发企业，产品比较丰富，加工食品主要分为冷冻产品与非冷冻产品两类，冷冻产品包含冷鲜鸵鸟肉，非冷冻产品包括鸵鸟腱子肉等熟食产品、鸵鸟蛋等，同时北京京磁养殖场逐步开发了鸵鸟皮包、鸵鸟皮鞋等多种鸵鸟皮具产品，进一步丰富了产品线，拓展了国内鸵鸟产品市场。